目录

kitchen
厨房

在通风良好的厨房里，各种彩色小物随风摇曳时，会很美好。
厨房必需品要时刻保持干净，不同的颜色总是让人心情愉悦。
玻璃器皿的污渍也好，水槽的水垢也罢，如果有了表面凹凸有致的厨房抹布和土耳其枣形针花样的环保抹布，即使不用洗涤剂，也能擦拭得闪闪发亮。
网眼针编织的储物袋用来装根茎类蔬菜和水果，都非常方便。

储物袋
制作方法 ▶▶ p.4

厨房抹布
制作方法 ▶▶ p.5

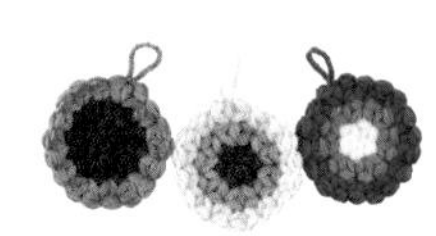

环保抹布
制作方法 ▶▶ p.6

储物袋

作品 ▶▶ p.3

设计　青木惠理子

材料和工具

●线…和麻纳卡 Bonny

a 翡翠绿色（498）、b 深灰色（481）各 50g

●钩针…8/0 号

成品尺寸　深约 18cm

编织方法　钩 97 针锁针起针，按编织花样钩织 15 行。接着钩织一侧的袋口和提手至图中指定位置后断线。在另一侧的袋口接线，钩织袋口和提手，并参照图解钩引拔针连接袋子的边缘。

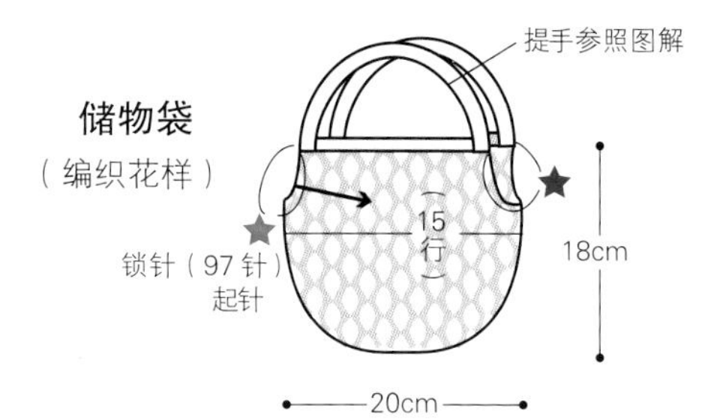

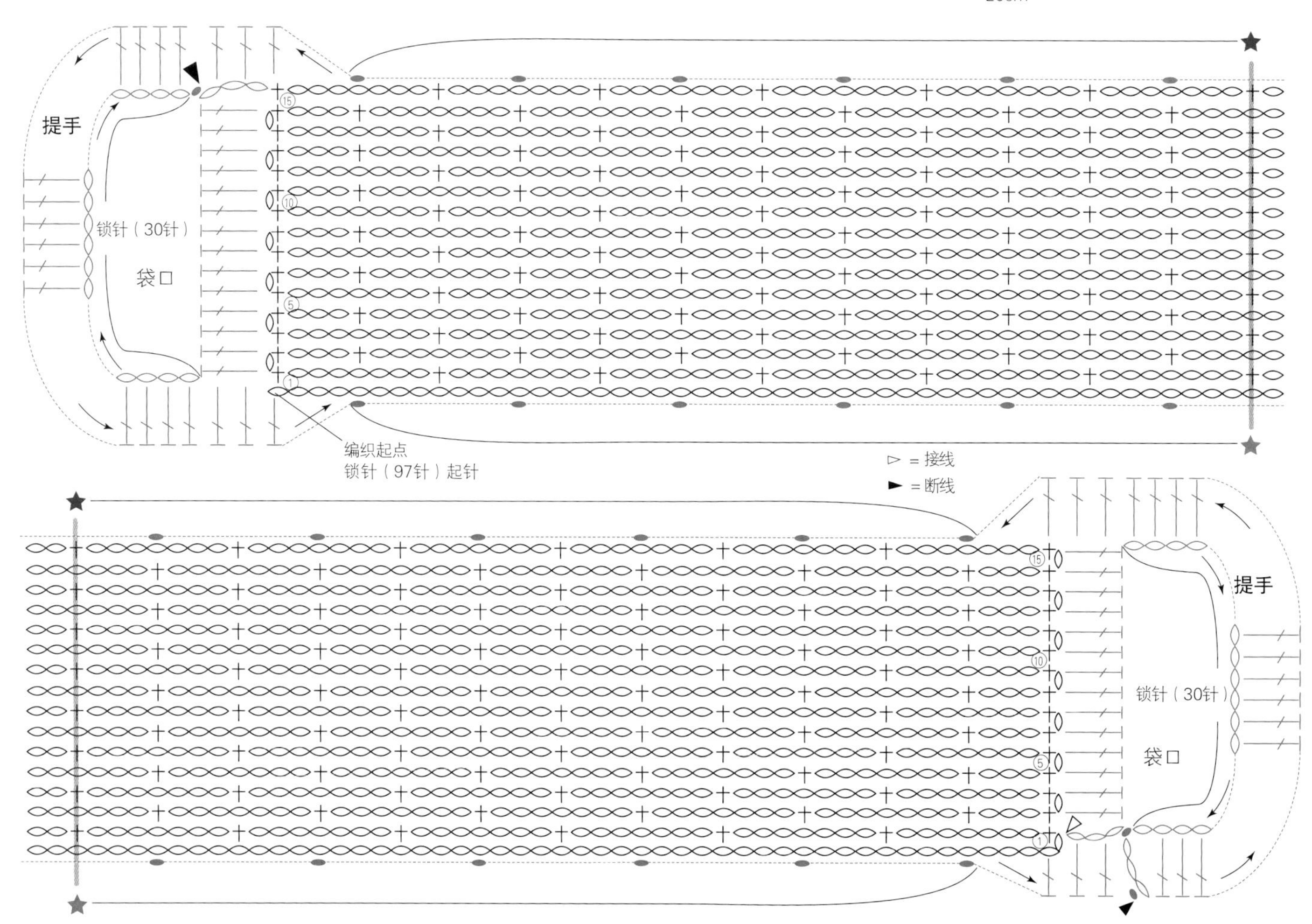

厨房抹布　作品 ▶▶ p.3

设计　风工房

材料和工具

●线…和麻纳卡 Love Bonny

颜色、色号、使用量请参照配色表

●棒针…6 号、钩针…5/0 号

成品尺寸　约 18cm×18cm

编织方法　用手指挂线起针法起针，按条纹编织花样编织 56 行。编织结束时做伏针收针，接着钩织挂环。挂环钩 12 针锁针，然后在编织终点的针目里引拔断线。

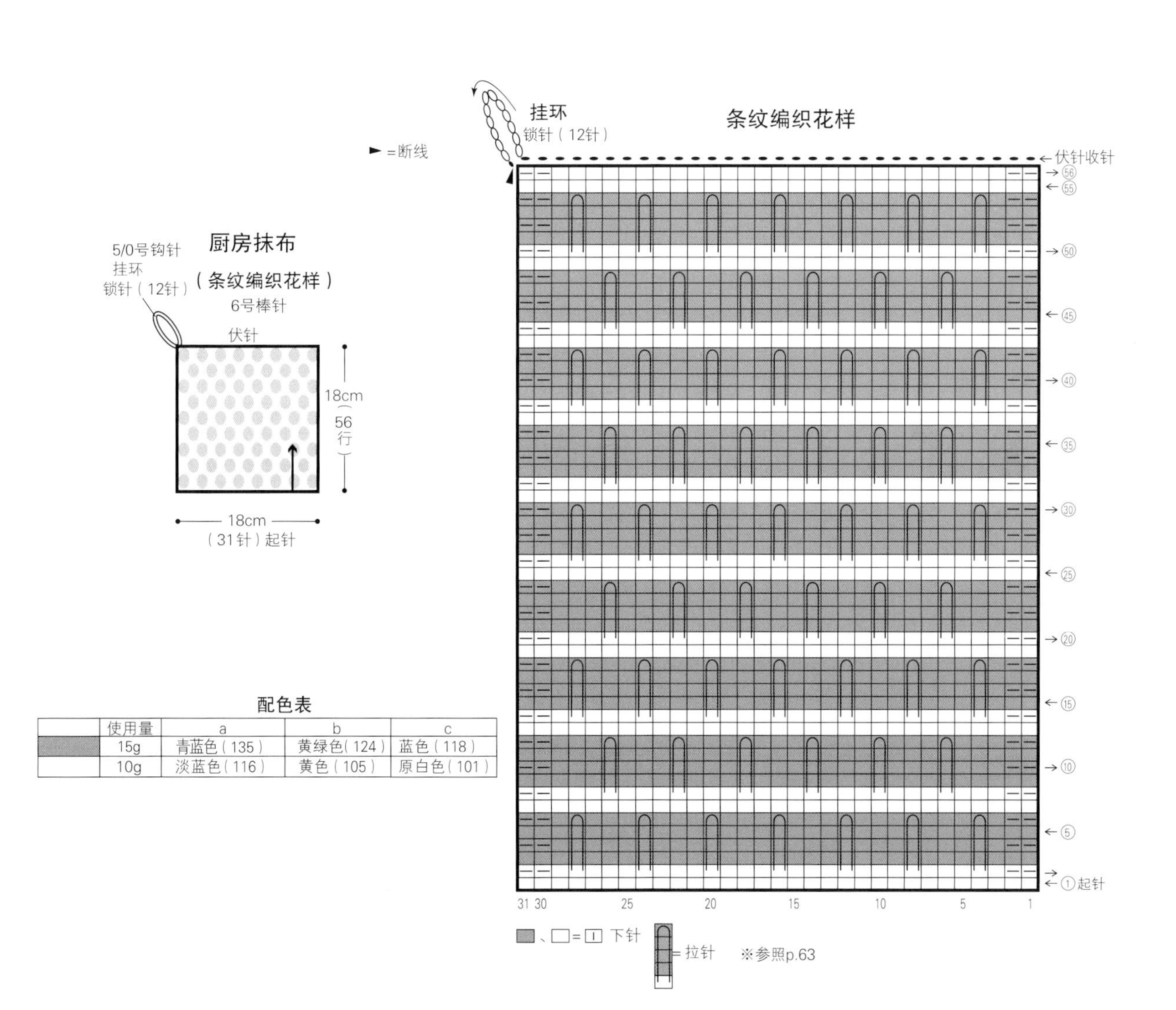

配色表

	使用量	a	b	c
■	15g	青蓝色（135）	黄绿色（124）	蓝色（118）
□	10g	淡蓝色（116）	黄色（105）	原白色（101）

环保抹布 作品 ▶▶ p.3

设计 石塚始子（Kosumosu）

材料和工具

●线…和麻纳卡 Bonny

颜色、色号、使用量请参照配色表

●钩针…7.5/0 号

成品尺寸 约 13cm×14cm（不含挂环）

编织方法 在抹布的中心位置环形起针，按土耳其枣形针条纹花样钩织 3 行。结束时接着钩 20 针锁针制作挂环后断线。

挂环

锁针（20针）

► =断线

③ ② ① 环

= 各行的编织起点位置

环保抹布

（土耳其枣形针条纹花样）

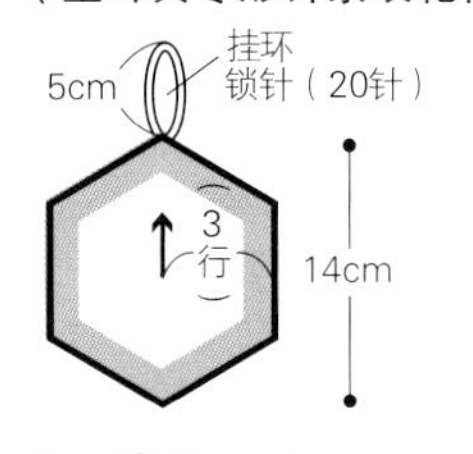

※参照图解，一边加针一边钩织

配色表

行	使用量	a	b	c
第3行	15g	蓝色（462）	青草色（492）	深粉红色（474）
第2行	10g	浅蓝色（472）	抹茶色（493）	深棕色（419）
第1行	5g	原白色（442）	橄榄色（494）	深棕色（419）

土耳其枣形针

“3 针中长针的枣形针” 的应用变化。连续钩织枣形针的 2 针并 1 针和 3 针并 1 针。

环

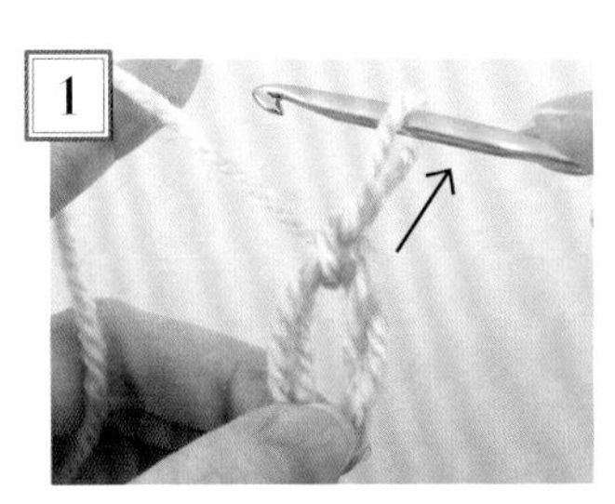

环形起针，挂线，将线拉出至枣形针（约3针锁针）的高度。

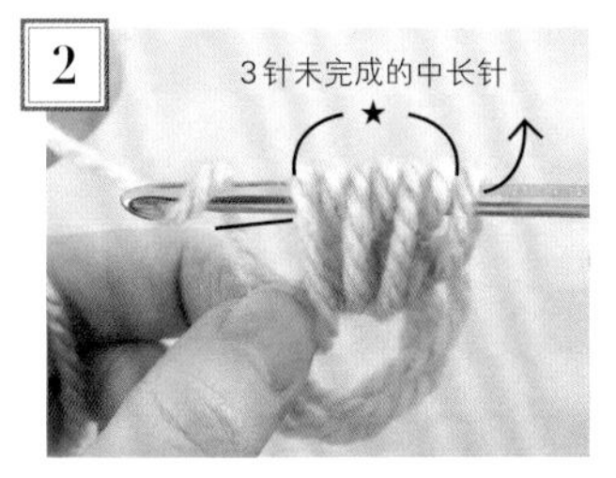

重复“挂线，在线环中插入钩针将线拉出”，钩3针未完成的中长针。如图所示，捏住线的根部，一次引拔穿过钩针上所有的线圈。

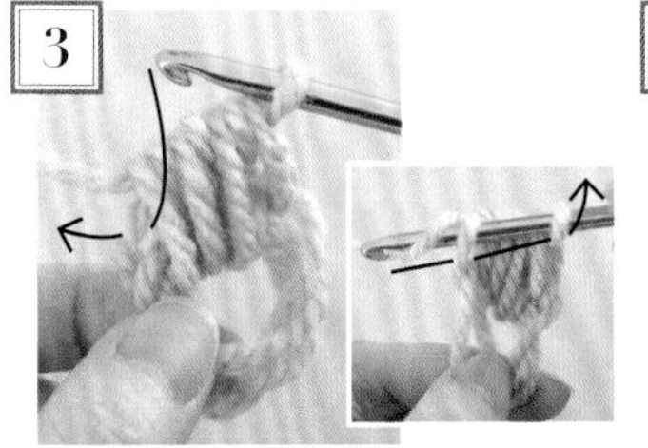

如箭头所示，在步骤2中引拔出的线的根部插入钩针，挂线后引拔。

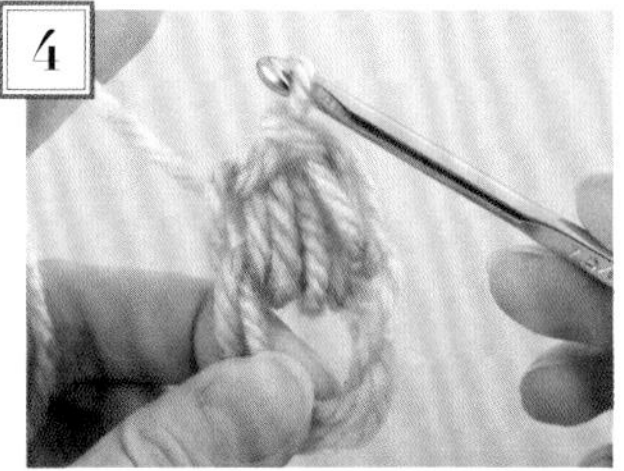

在起针时的线环里钩入编织起点的第1针土耳其枣形针完成。

土耳其枣形针 2 针并 1 针

5

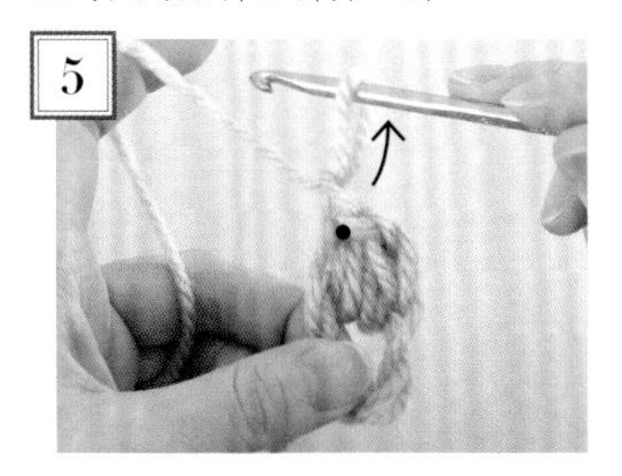

挂线，将线拉出至枣形针的高度。在第1针土耳其枣形针的头部（●）插入钩针，钩3针未完成的中长针。

6

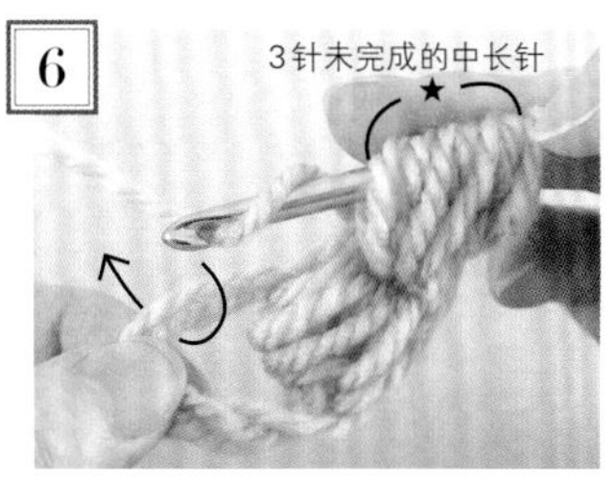

接着，在线环中插入钩针继续钩3针未完成的中长针。

7

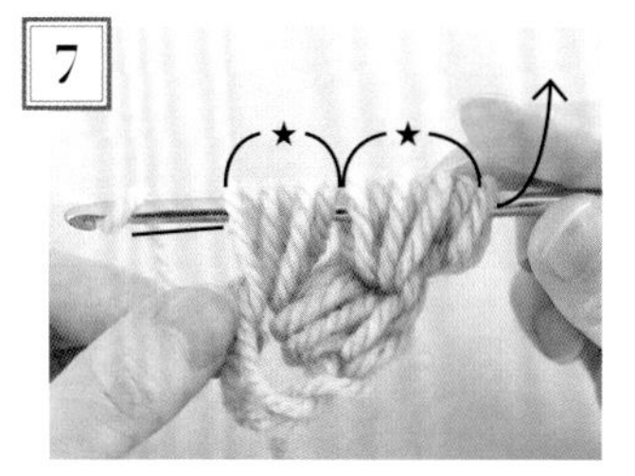

挂线，与步骤2的要领相同，捏住线的根部，一次引拔穿过钩针上的所有线圈。

8

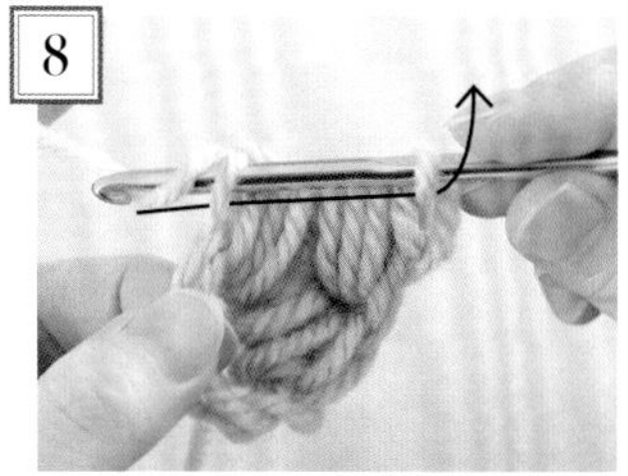

在步骤7中引拔出的线的根部插入钩针，挂线，如箭头所示引拔。

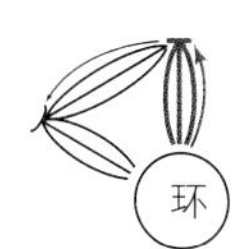

9

土耳其枣形针2针并1针完成。重复步骤5~8，再钩4次“土耳其枣形针2针并1针”。

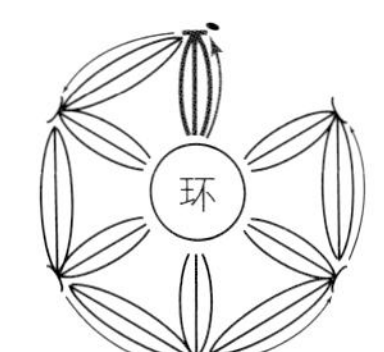

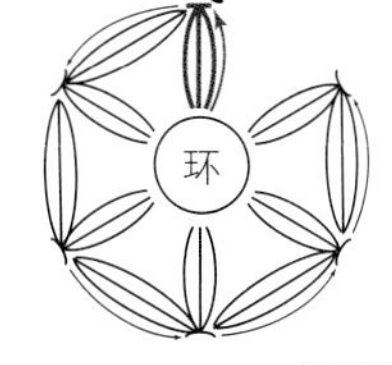

行的编织终点

10

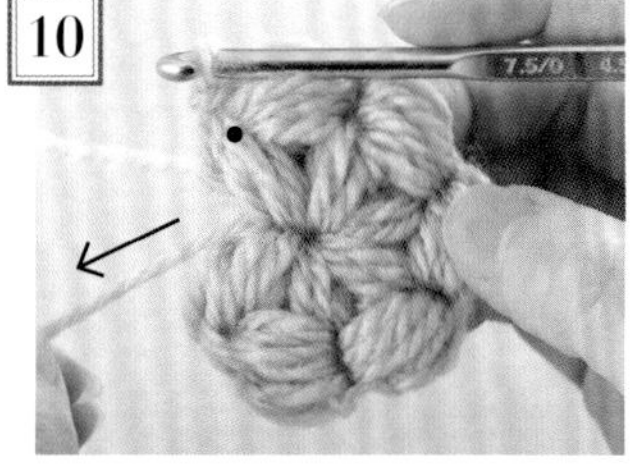

编织起点的1针土耳其枣形针和后面的5针“土耳其枣形针2针并1针”共6针完成后，收紧起针时的线环。

11

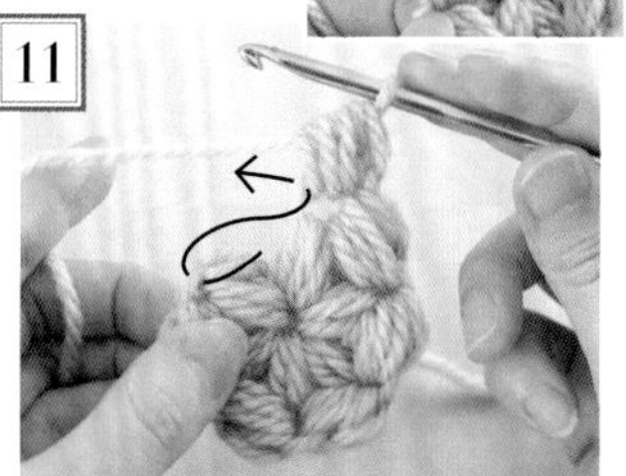

在步骤10的●里钩最后一针土耳其枣形针。做最后的引拔时，如箭头所示将钩针插入第1针土耳其枣形针的头部，再插入引拔出的线的根部，一次引拔出。

环

12

第1行完成。替换不同颜色的线时，将挂在钩针上的针目拉出，断线。

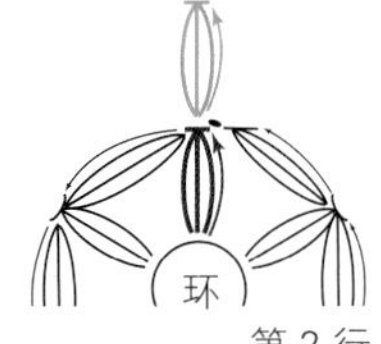

第 2 行

13

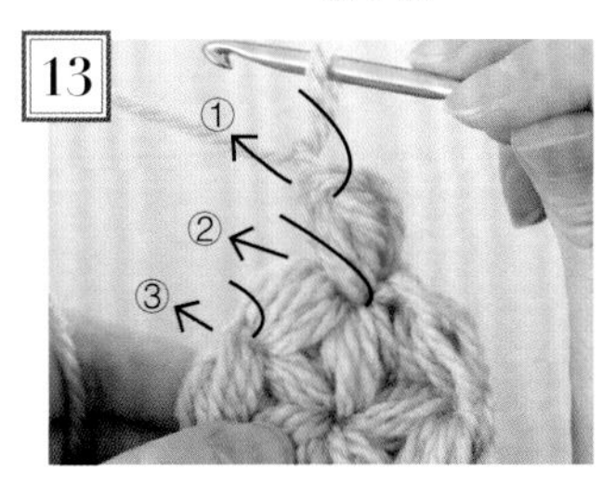

从前一行第1针的头部将线拉出，钩1针土耳其枣形针。按箭头顺序插入钩针，分别钩3针未完成的中长针。

土耳其枣形针 3 针并 1 针

14

捏住线的根部，在针头挂线，一次引拔穿过钩针上的所有线圈。

15

在步骤14中引拔出的线的根部插入钩针，挂线后引拔。

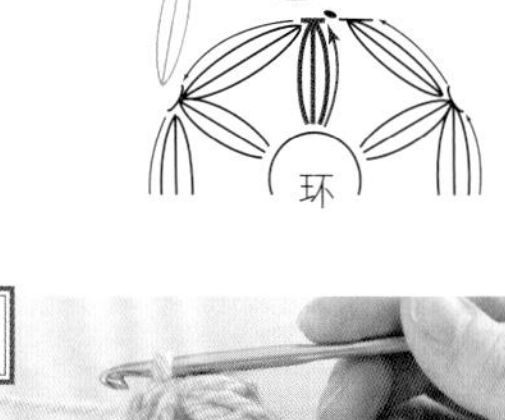

16

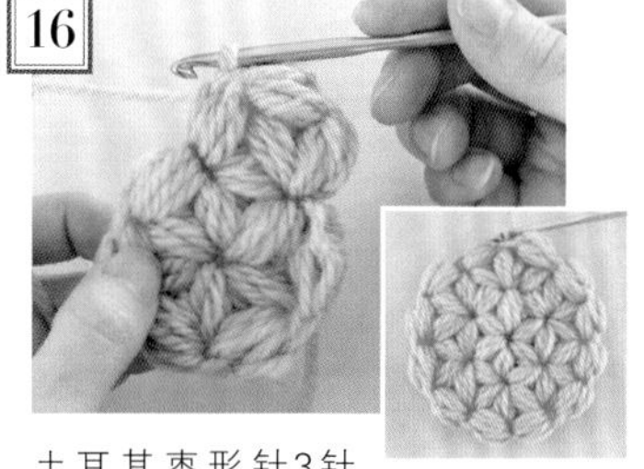

土耳其枣形针3针并1针完成。参照图解继续钩织土耳其枣形针的2针并1针和3针并1针。

dining table

餐桌

点缀在餐桌上的彩色织物，
很容易让人联想到可口的饭菜。
即使果酱洒到餐垫上，也不必担心，
只要用水冲洗后晒干即可。
餐垫外圈大小不一的狗牙针非常可爱。
托盘底部的钩织方法与餐垫是一样的。
杯套采用了两种罗纹针织法，适合各种杯子哟！

餐垫
制作方法 ▶▶ p.10

托盘
制作方法 ▶▶ p.10

杯套
制作方法 ▶▶ p.10

餐垫、托盘、杯套

作品 ▶▶ p.8

设计　笠间 绫

餐垫

材料和工具

●线…和麻纳卡 Bonny

a 米黄色（406）70g、深橘色（414）15g，b 奶油色（478）70g、抹茶色（493）15g

●钩针…8/0 号

成品尺寸　约 41cm×30cm

编织方法　钩 15 针锁针起针，参照图解按编织花样钩织 12 行。然后，换配色线钩 1 行边缘编织。

托盘

材料和工具

●线…和麻纳卡 Bonny

深驼色（418）50g、米黄色（406）25g、深橘色（414）15g

●钩针…7/0 号

成品尺寸　底 约 34cm×11.5cm、深 约 4.5cm

编织方法　钩 15 针锁针起针，参照图解按条纹编织花样钩织 18 行。按个人喜好的宽度将钩织终点处向外翻折。

杯套

材料和工具

●线…和麻纳卡 Love Bonny

颜色、色号、使用量请参照配色表和使用量表

●棒针…6 号

成品尺寸　宽 约 6cm

编织方法　用手指挂线起针法起针，先织 8 行扭针单罗纹针，再织 6 行单罗纹针。编织结束时做伏针收针。

杯套 6号棒针

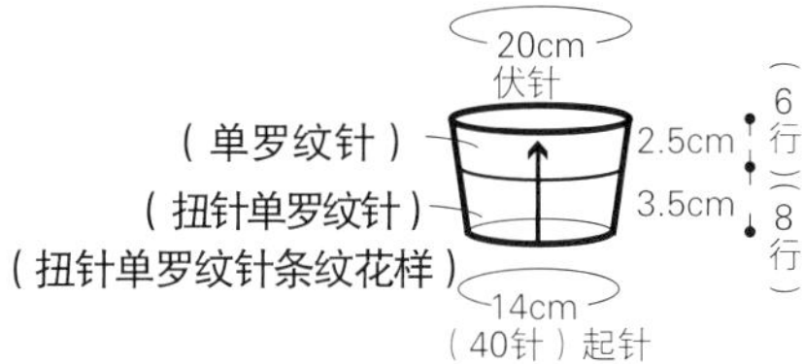

杯套线的使用量

单色	橘色（126）10g
	抹茶色（113）10g
	黄色（105）10g
条纹	抹茶色（113）8g、黄色（105）2g
	黄色（105）8g、抹茶色（113）2g

条纹花样的配色表

	黄色	抹茶色
	抹茶色	黄色

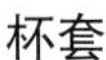

杯套

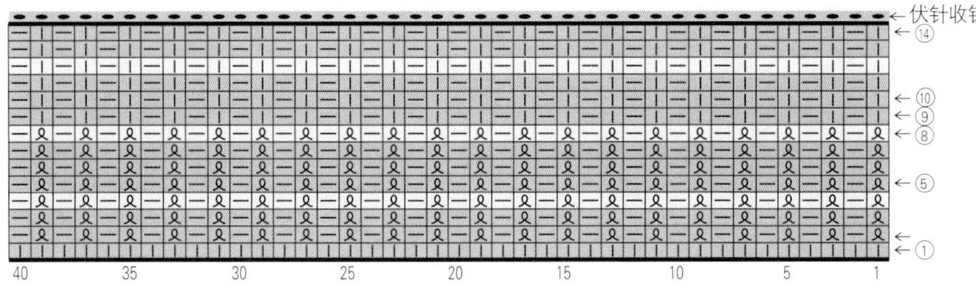

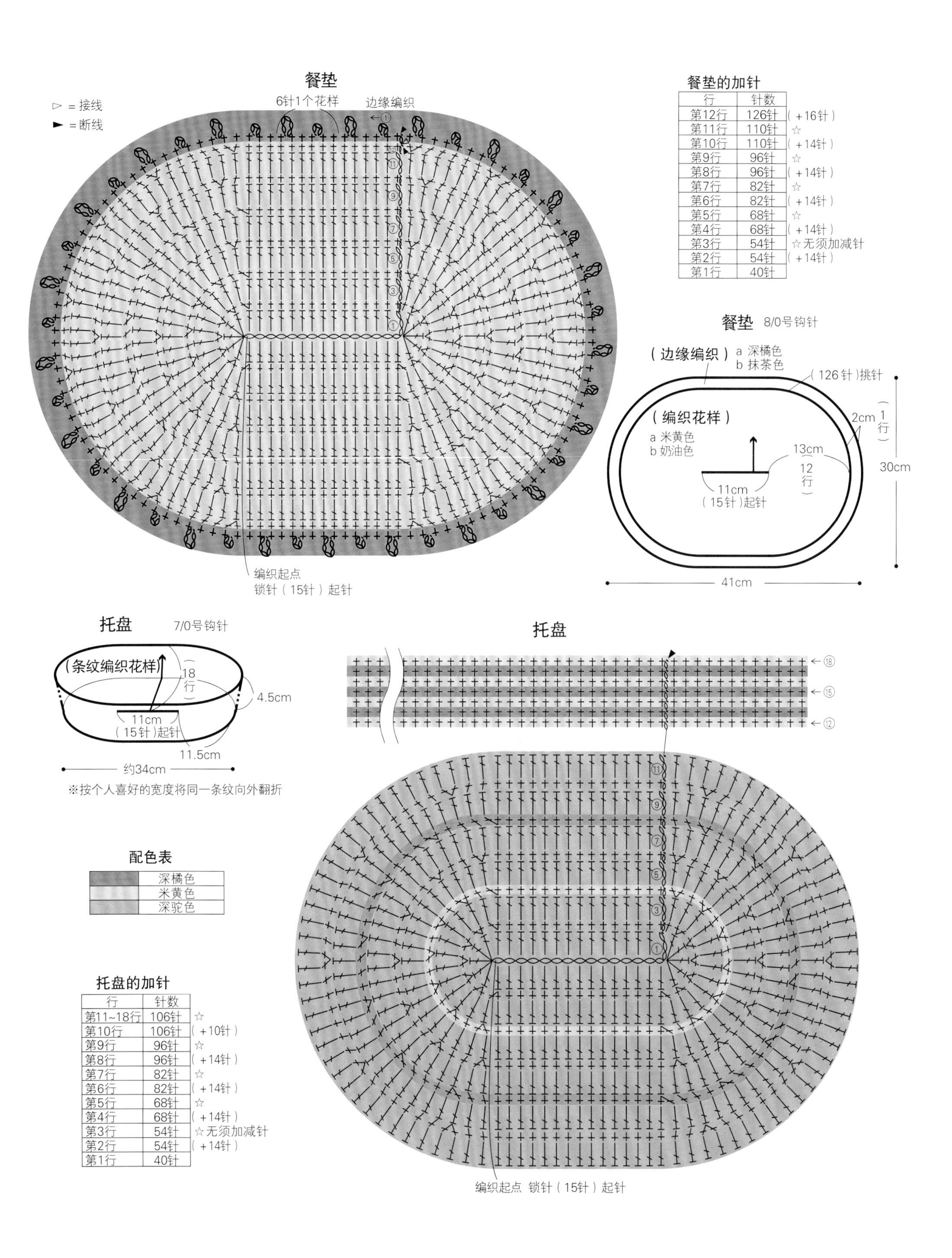

餐垫的加针

行	针数	
第12行	126针	（+16针）
第11行	110针	☆
第10行	110针	（+14针）
第9行	96针	☆
第8行	96针	（+14针）
第7行	82针	☆
第6行	82针	（+14针）
第5行	68针	☆
第4行	68针	（+14针）
第3行	54针	☆无须加减针
第2行	54针	（+14针）
第1行	40针	

配色表

色块	颜色
	深橘色
	米黄色
	深驼色

托盘的加针

行	针数	
第11~18行	106针	☆
第10行	106针	（+10针）
第9行	96针	☆
第8行	96针	（+14针）
第7行	82针	☆
第6行	82针	（+14针）
第5行	68针	☆
第4行	68针	（+14针）
第3行	54针	☆无须加减针
第2行	54针	（+14针）
第1行	40针	

teatime

下午茶时间

香草茶和姜饼散发着淡淡的香气，
可以愉快聊天的下午茶时间，
真希望一直持续下去啊！
在茶壶保暖套的顶部缝上一个小绒球，
看起来就像帽子一样。
茶壶隔热垫的桂花针非常精致，呈现了独特的凹凸感。
杯垫是单罗纹针的简单设计，不妨多编织几个吧！

茶壶保暖套

制作方法 ▶▶ p.14

茶壶隔热垫

制作方法 ▶▶ p.14

杯垫

制作方法 ▶▶ p.14

茶壶保暖套、茶壶隔热垫、杯垫

作品 ▶▶ p.12

设计　青木惠理子

茶壶保暖套

材料和工具

●线…和麻纳卡 Bonny

玫瑰红色（464）70g

●棒针…8号

成品尺寸　周长 约36cm、高19cm

编织方法　用手指挂线起针法起针，连接成环形（参照 p.71），编织5行单罗纹针。继续编织20行变化的罗纹针，注意在图中的指定位置做往返编织留出开口。顶部编织单罗纹针，参照图解做分散减针。在编织结束时的8个针目里穿入线后一次性收紧。将小绒球缝在顶部。

茶壶隔热垫

材料和工具

●线…和麻纳卡 Bonny

玫瑰红色（464）35g、深橘色（414）25g

●棒针…8号

成品尺寸　约32cm×21cm

编织方法　用手指挂线起针法起针，编织60行桂花针条纹花样。编织结束时做伏针收针。

杯垫

材料和工具

●线…和麻纳卡 Bonny

玫瑰红色（464）、深橘色（414）各25g（各2个）

●棒针…8号

成品尺寸　约11cm×11cm

编织方法　用手指挂线起针法起针，编织22行单罗纹针。编织结束时一边减针一边做伏针收针。

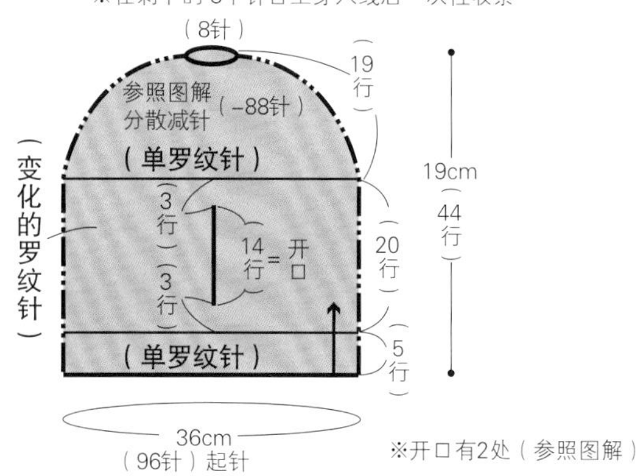

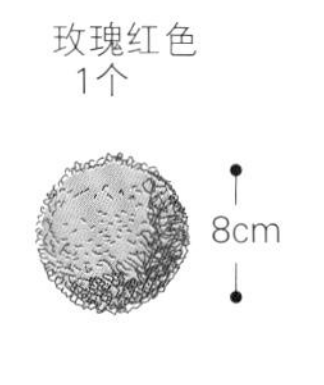

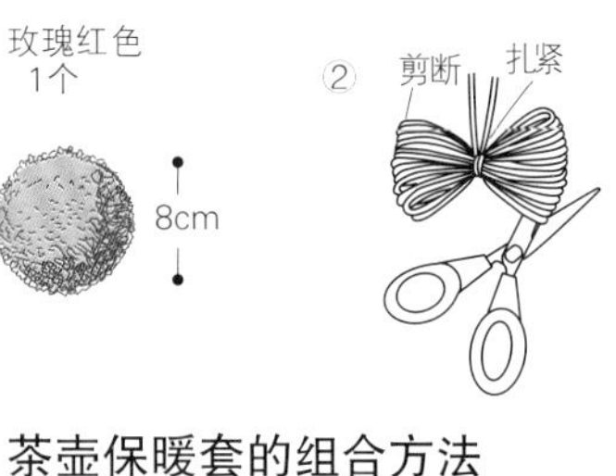

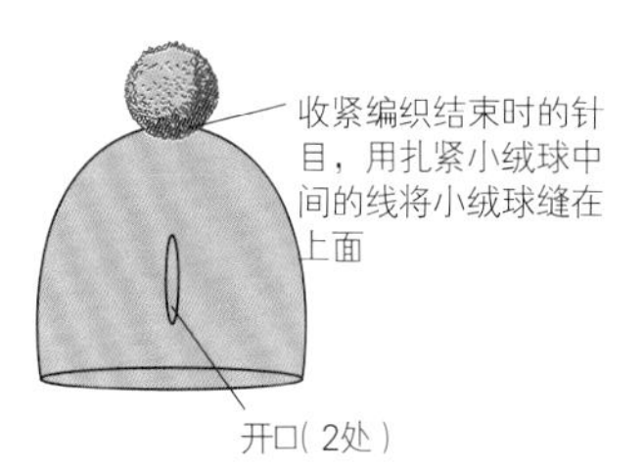

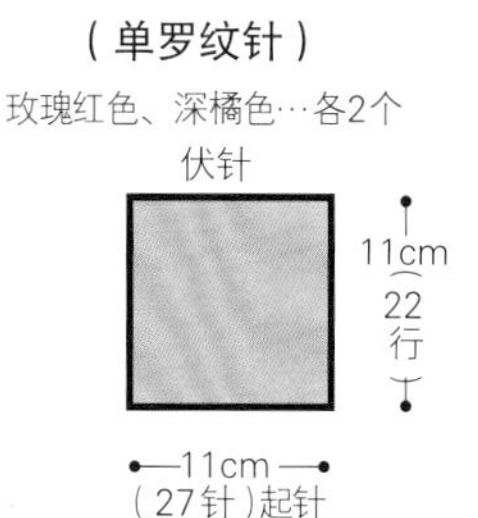

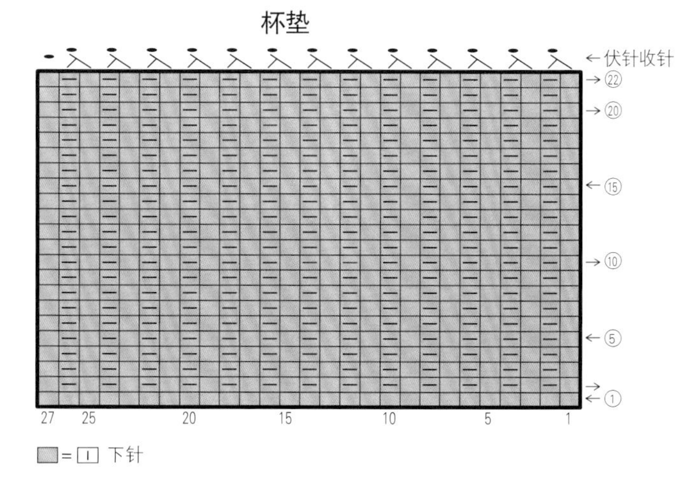

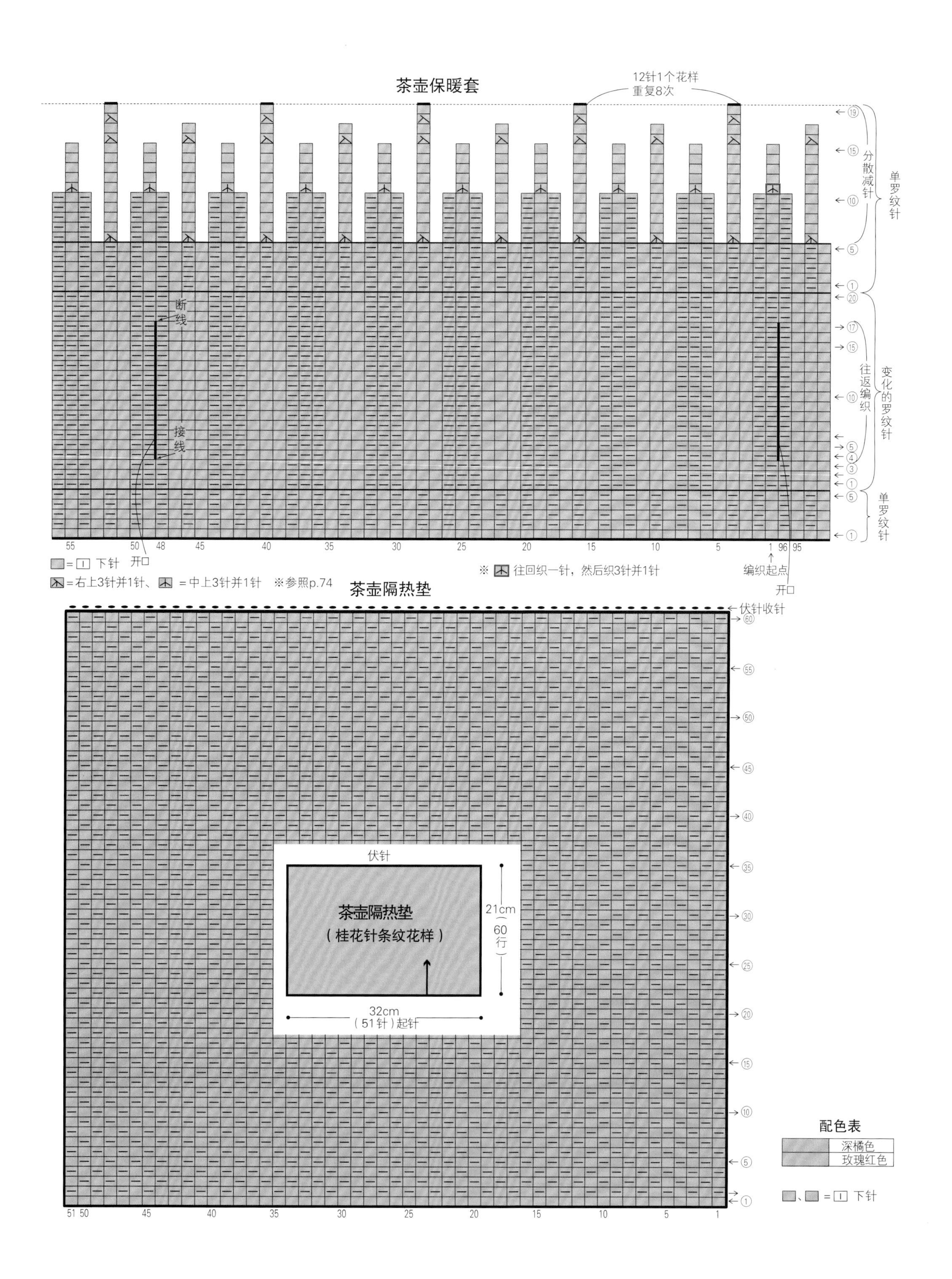
茶壶保暖套
12针1个花样
重复8次
分散减针
单罗纹针
往返编织
变化的罗纹针
单罗纹针
断线
接线
开口
编织起点
开口
=下针
=右上3针并1针、=中上3针并1针 ※参照p.74
※ 往回织一针，然后织3针并1针
茶壶隔热垫
伏针收针
伏针
茶壶隔热垫
（桂花针条纹花样）
21cm（60行）
32cm（51针）起针
配色表
深橘色
玫瑰红色
、=下针

living room

起居室

悠闲的午后，就慵懒随意地消磨时光吧！
愉快轻松地做自己喜欢的事情，是多么幸福啊！
爆米花针呈放射状散开的万花筒花样、鼓鼓的卷针花样……
这里有 p.6 环保抹布的扩大版——土耳其枣形针六边形坐垫，
4 个正方形花片连接而成的方形坐垫，以及各种颜色的圆形坐垫。

万花筒花样圆形坐垫
制作方法 ▶▶ p.18

土耳其枣形针六边形坐垫
制作方法 ▶▶ p.21

卷针花样圆形坐垫
制作方法 ▶▶ p.20

正方形花片坐垫
制作方法 ▶▶ p.22

Training Program ENGLISH Your New Language

万花筒花样圆形坐垫 作品 ▶▶ p.16

设计　金子祥子

材料和工具

●线…和麻纳卡 Bonny

a 浅咖啡色（480）230g、天蓝色（471）95g、米色（417）45g

b 深红色（450）230g、紫红色（499）95g、紫色（437）45g

●钩针…7.5/0 号

成品尺寸　直径 约 38cm

编织方法　钩织 2 个外侧花片和 1 个夹层花片。分别在中心位置环形起针，参照图解，外侧花片按编织花样钩织，夹层花片钩织长针。将 2 个外侧花片正面朝外重叠，将夹层花片夹在中间。在 2 个外侧花片的最后一行一起插入钩针，交错钩织引拔针和锁针进行连接。

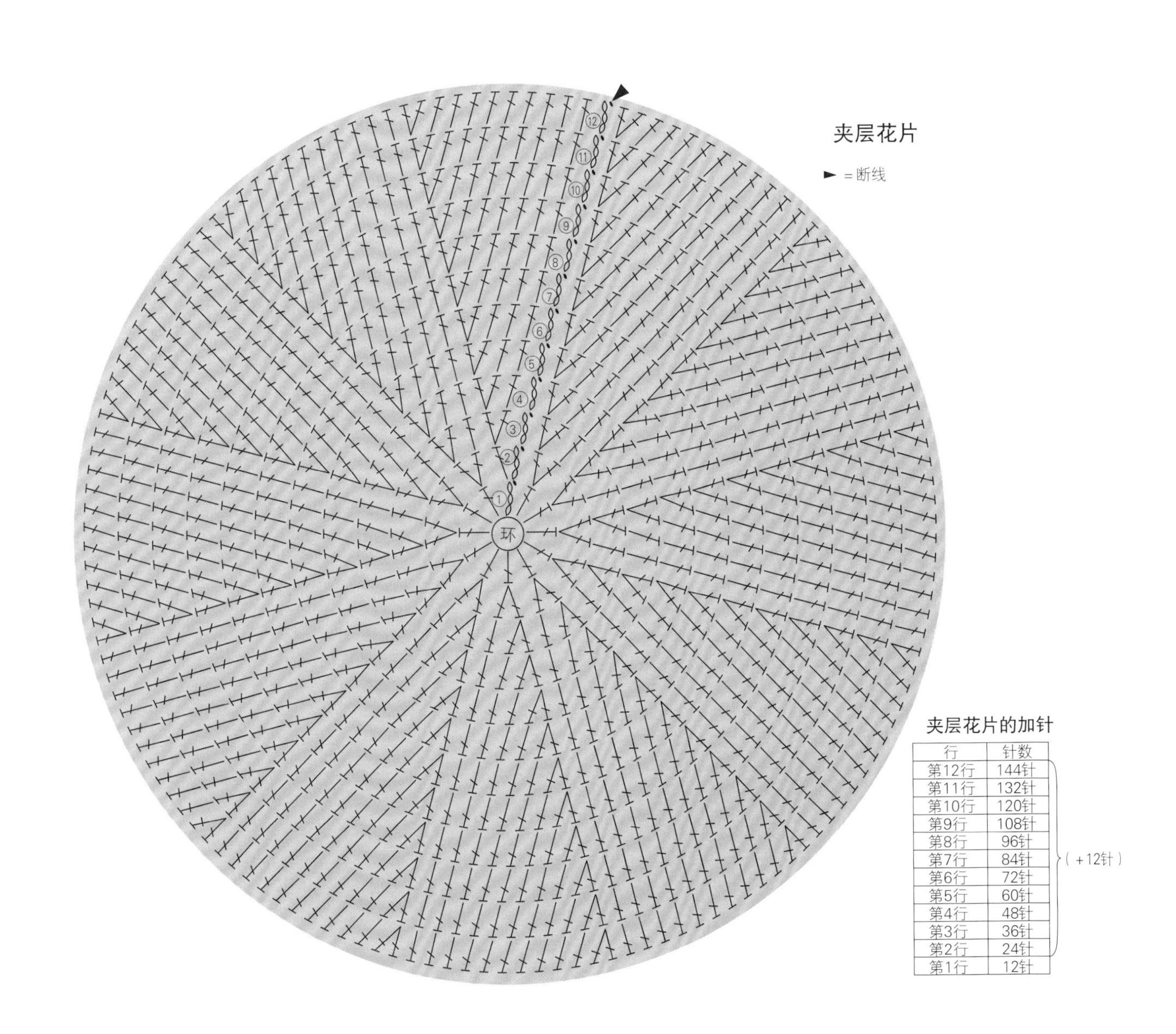

夹层花片的加针

行	针数
第12行	144针
第11行	132针
第10行	120针
第9行	108针
第8行	96针
第7行	84针
第6行	72针
第5行	60针
第4行	48针
第3行	36针
第2行	24针
第1行	12针

（+12针）

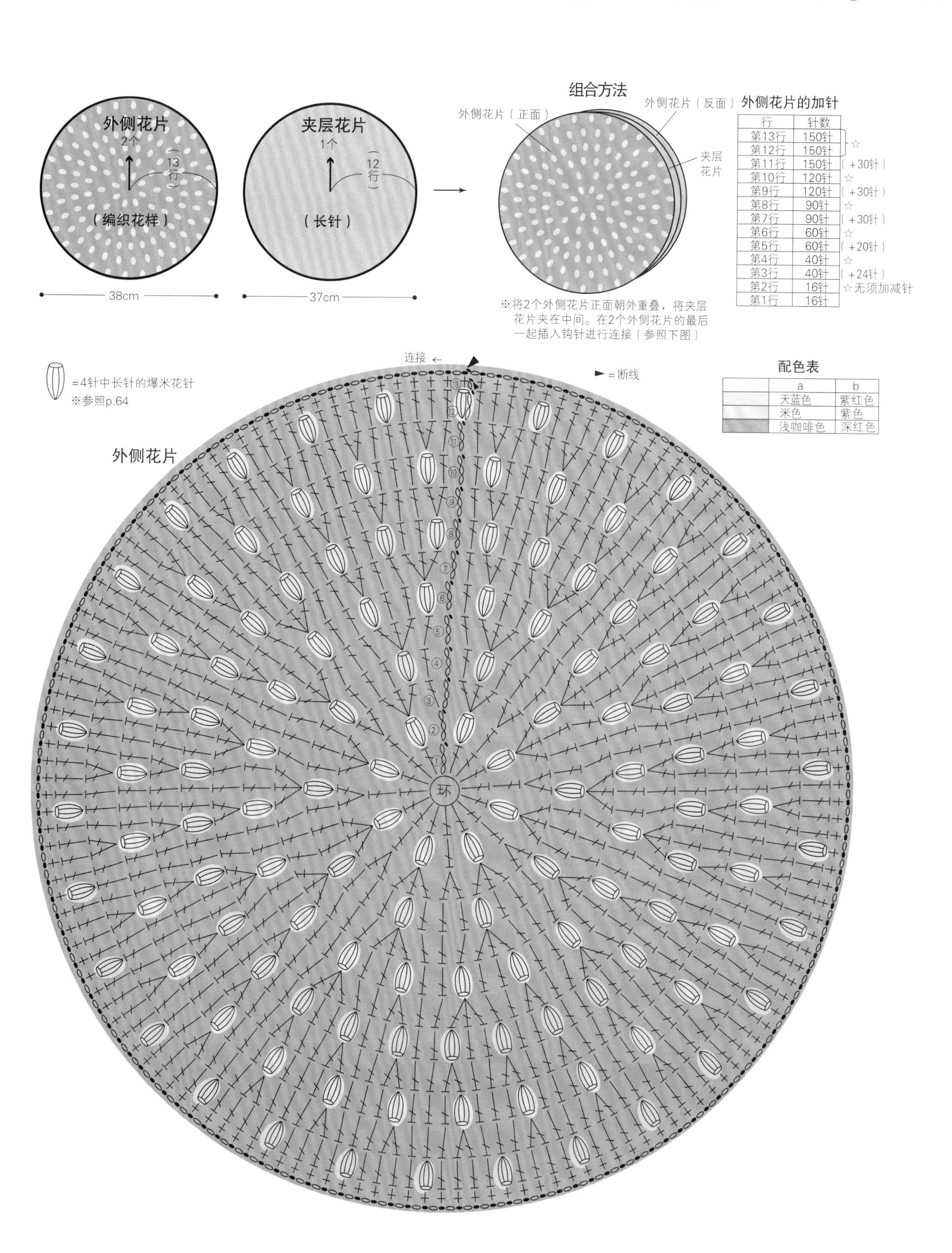

外侧花片的加针

行	针数	
第13行	150针	☆
第12行	150针	
第11行	150针	（+30针）
第10行	120针	☆
第9行	120针	（+30针）
第8行	90针	☆
第7行	90针	（+30针）
第6行	60针	☆
第5行	60针	（+20针）
第4行	40针	☆
第3行	40针	（+24针）
第2行	16针	☆无须加减针
第1行	16针	

配色表

	a	b
	天蓝色	紫红色
	米色	紫色
	浅咖啡色	深红色

卷针花样圆形坐垫

作品 ▶▶ p.16

设计　Ami

材料和工具

●线…和麻纳卡 Jumbonny

a 玫瑰红色（7）350g、b 群青色（16）350g

●钩针…8mm

成品尺寸　直径 约 41cm

编织方法　卷针全部绕 5 次线。在正面的中心位置环形起针，一边加针一边钩织 10 行短针和卷针。接着一边减针一边钩织 9 行短针和长针作为反面。在编织结束时的 12 个针目里穿入线后一次性收紧。

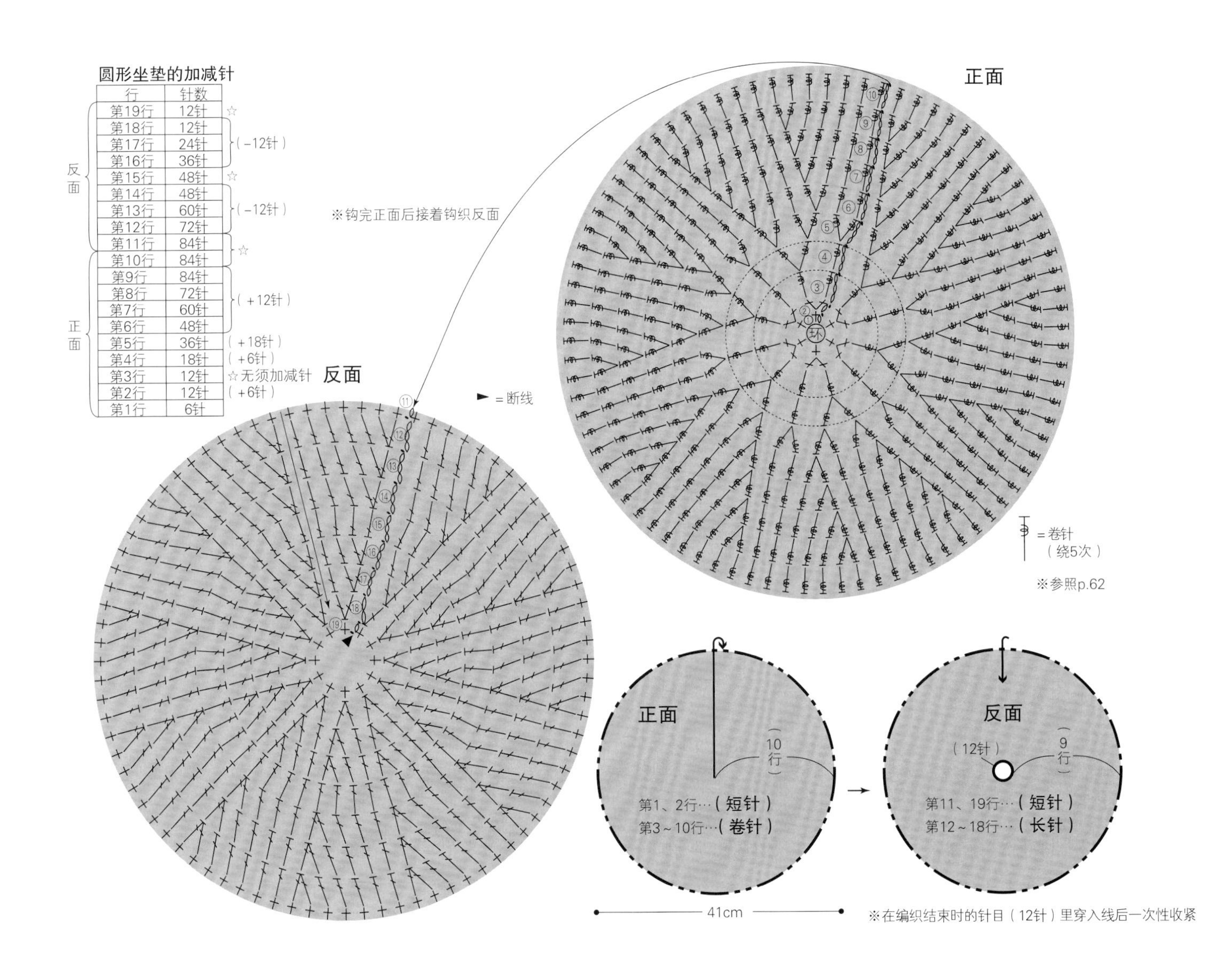

圆形坐垫的加减针

	行	针数	
反面	第19行	12针	☆
	第18行	12针	（－12针）
	第17行	24针	
	第16行	36针	
	第15行	48针	☆
	第14行	48针	（－12针）
	第13行	60针	
	第12行	72针	
	第11行	84针	☆
正面	第10行	84针	
	第9行	84针	（＋12针）
	第8行	72针	
	第7行	60针	
	第6行	48针	
	第5行	36针	（＋18针）
	第4行	18针	（＋6针）
	第3行	12针	☆无须加减针
	第2行	12针	（＋6针）
	第1行	6针	

土耳其枣形针六边形坐垫 作品 ▶▶ p.16

设计　石塚始子（Kosumosu）

材料和工具

●线…和麻纳卡 Bonny

a 深灰色（481）95g、天蓝色（471）75g

b 绿色（426）105g、灰色（486）40g、金黄色（433）25g

●钩针…7.5/0 号

成品尺寸　约 39cm×37cm

编织方法　在六边形坐垫的中心位置环形起针，按土耳其枣形针条纹花样钩织 8 行。

（土耳其枣形针条纹花样）

（8行）

37cm

39cm

※土耳其枣形针的编织方法参照p.6

※参照图解，一边加针一边钩织

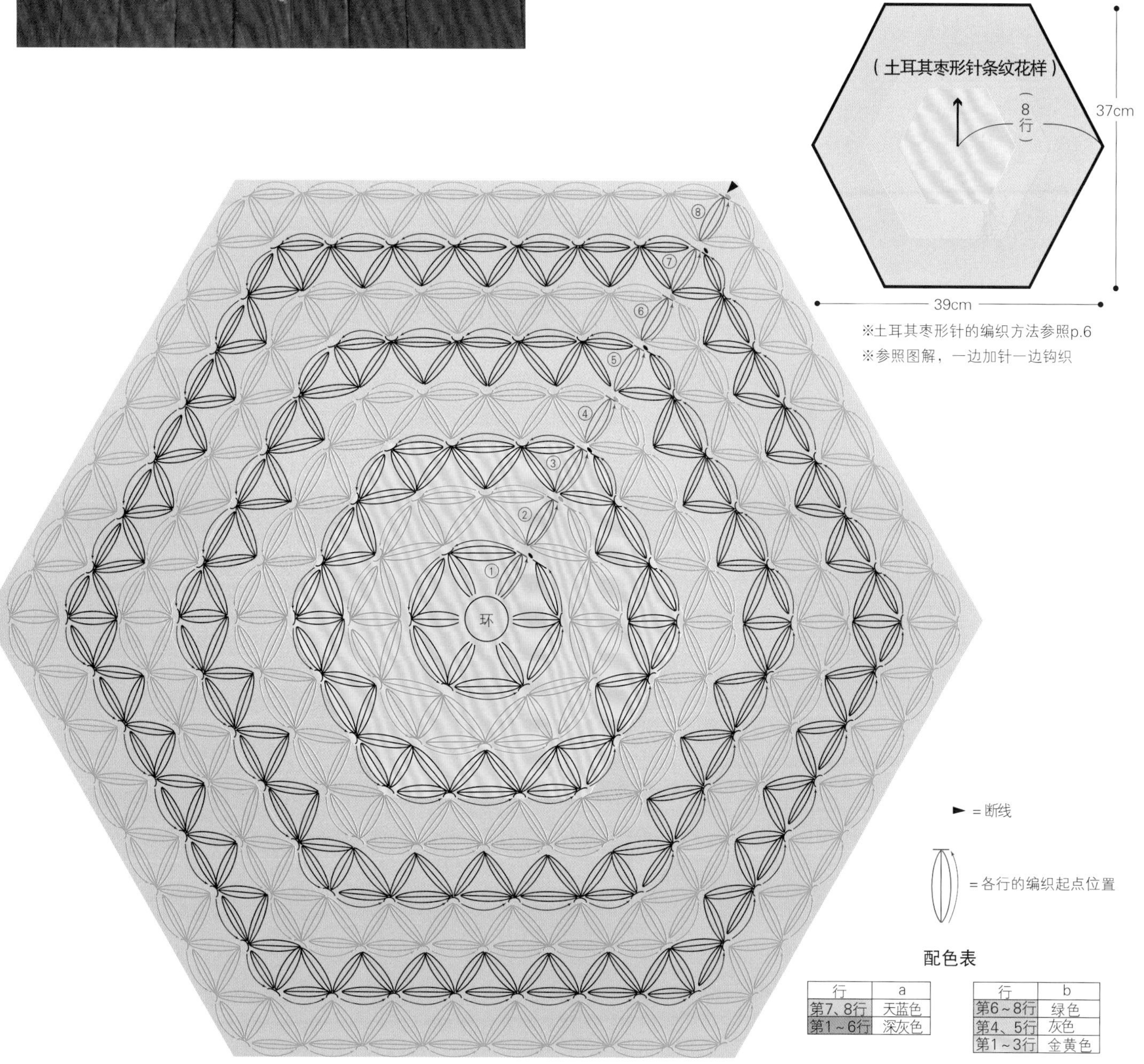

配色表

行	a
第7、8行	天蓝色
第1～6行	深灰色

行	b
第6～8行	绿色
第4、5行	灰色
第1～3行	金黄色

正方形花片坐垫

作品 ▶▶ p.16

设计　Ronique

材料和工具

●线…和麻纳卡 Bonny

群青色（473）、抹茶色（493）各 125g，灰色（486）、深灰色（481）各 40g

●钩针…8/0 号

成品尺寸　约 37cm×37cm

编织方法　花片 a、b 按指定配色各钩 2 个。参照组合方法，对齐标记后钩短针进行连接。

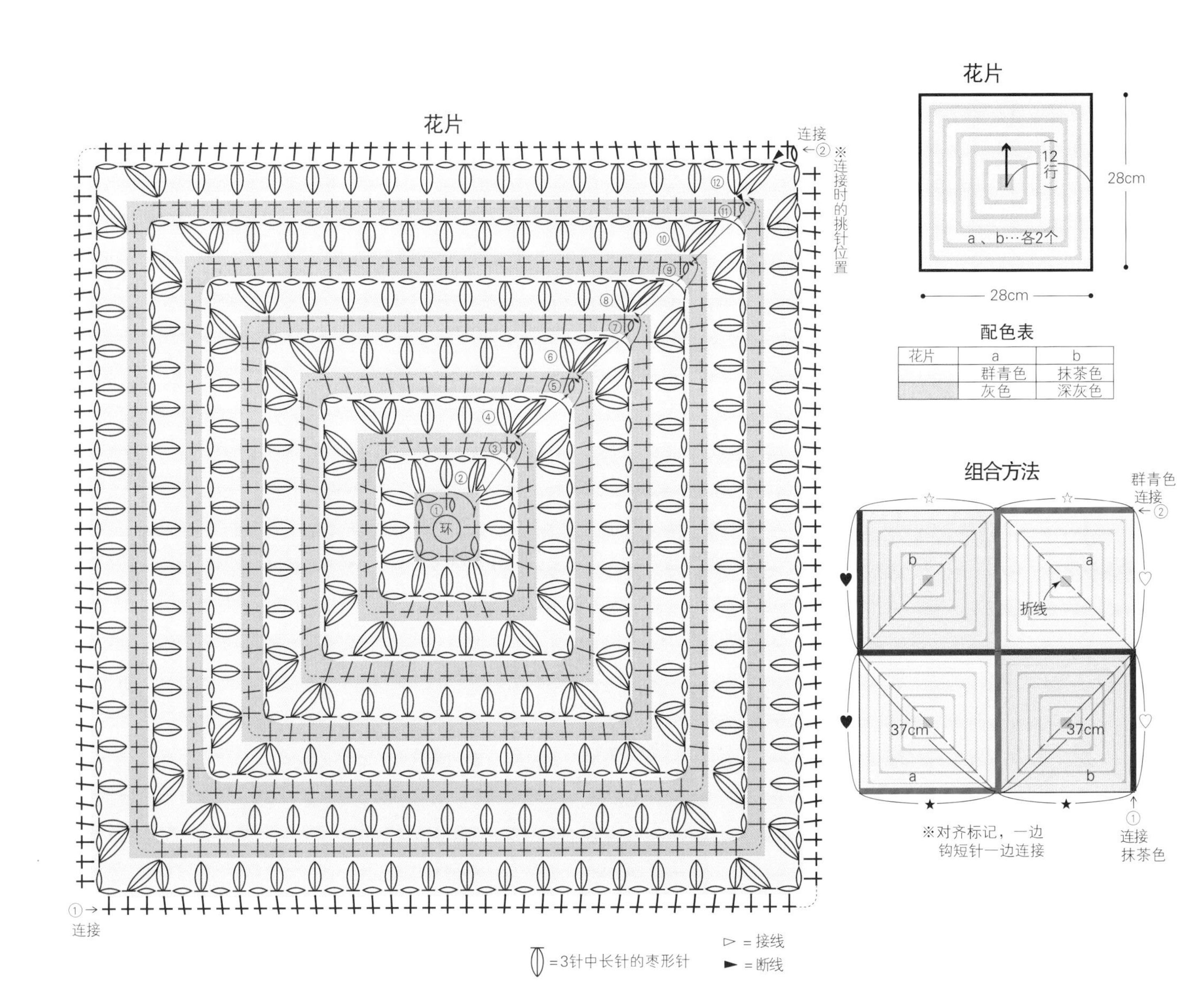

配色表

花片	a	b
	群青色	抹茶色
	灰色	深灰色

爆米花针小花花片的方形坐垫

作品 ▶▶ p.25

设计　金子祥子

材料和工具

●线…和麻纳卡 Bonny

白色（401）110g、深灰色（481）75g、姜黄色（491）25g

●钩针…7.5/0 号

成品尺寸　约 36cm×36cm

编织方法　参照图解钩织 16 个花片。如图所示排列花片，钩引拔针进行连接。在连接好的花片周围钩织边缘编织。

配色表

	深灰色
	白色
	姜黄色

★ = 钩引拔针连接花片

※将花片正面朝外对齐，挑取中长针头部的内侧半针钩织

= 5针长针的爆米花针 ※参照p.64

= 短针的条纹针

= 引拔针的条纹针

= 长长针

▷ = 接线

► = 断线

（边缘编织）

（连接花片）

花片 16个

1cm（2行）

（48针）挑针

36cm

8.5cm

（48针）挑针

从转角处（1针）挑针

36cm

③ ② 环

① ② 边缘编织

American Pastoral
American Pastoral
Thomas M. Humphrey
Money, Banking and Inflation
MARINE ORGANISMS

living room
起居室

别具风格的五彩坐垫，有点复古，又不乏新意，令人感觉很温馨。
由花片连接而成的方形坐垫，爆米花针的花瓣非常可爱。
卷针花片连接而成的圆形坐垫，像极了粉色的花田。
孤挺花圆形坐垫，无论是创意还是视觉冲击，都让人称赞不绝。
这些都是以花朵为主题的圆形和方形坐垫。

爆米花针小花花片的方形坐垫
制作方法 ▶▶ p.23

卷针花片六边形坐垫
制作方法 ▶▶ p.26

孤挺花圆形坐垫
制作方法 ▶▶ p.28

卷针花片六边形坐垫 作品 ▶▶ p.25

设计 Sachiyo＊Fukao 制作 内田 智

材料和工具

●线…和麻纳卡 Bonny

橄榄色（494）145g、深粉红色（474）35g、深红色（450）30g、灰粉色（489）30g

●钩针…7.5/0 号

成品尺寸 约 40cm×36.5cm

编织方法 六边形坐垫分别钩织 1 个正面和反面的连接花片。如图所示，正面连接花片 A，反面连接花片 B。将连接花片的正面和反面正面朝外重叠后钩织 3 行边缘编织，边缘编织的第 1 行在 2 个连接花片里一起插入钩针钩织。

连接花片的编织方法

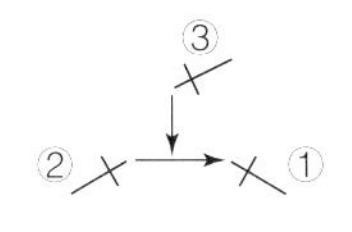

短针②：在钩短针②前暂时取下钩针，将钩针插入准备连接的短针①的头部，将刚才取下钩针的线圈拉出，继续钩短针②

短针③：在钩短针③前暂时取下钩针，将钩针插入钩短针②时的连接针目，将刚才取下钩针的线圈拉出，继续钩短针③

反面 花片B

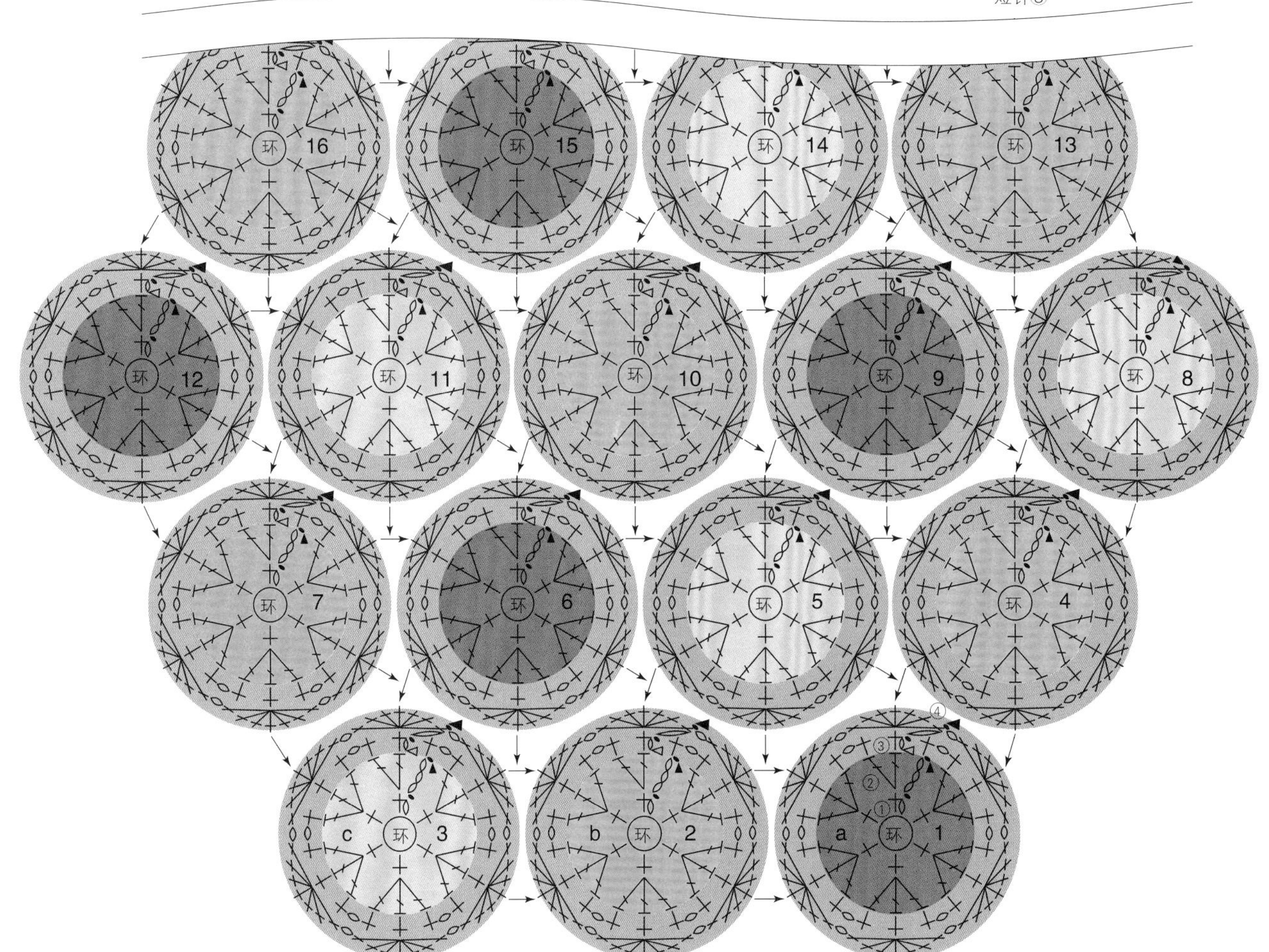

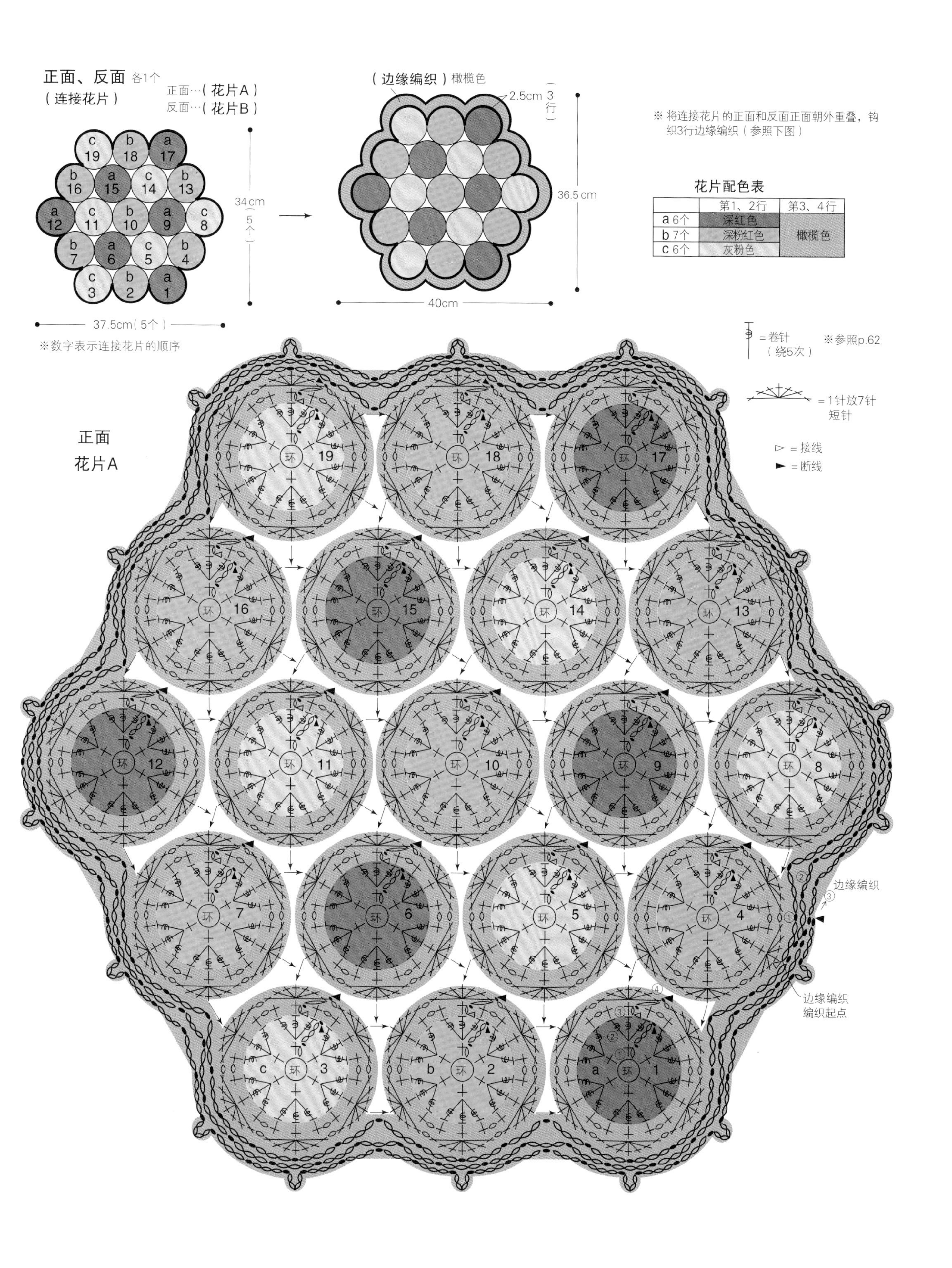

	第1、2行	第3、4行
a 6个	深红色	橄榄色
b 7个	深粉红色	
c 6个	灰粉色	

孤挺花圆形坐垫　作品 ▶▶ p.25

设计　德永绫子

材料和工具

●线…和麻纳卡 Bonny　※ 使用量请参照配色表

a 群青色（473）、原白色（442）、天蓝色（471）、浅蓝色（472）

b 深粉红色（474）、原白色（442）、浅粉红色（405）、粉红色（465）

c 绿色（426）、原白色（442）、黄绿色（476）、浅绿色（427）

●钩针…8/0 号、7/0 号

成品尺寸　直径 约 38cm

编织方法　圆形坐垫参照图解分别钩织1个正面和反面的织片。正面钩156针锁针起针，从锁针的里山挑针，按条纹编织花样钩7行。在起针的锁针针目剩下的半针里挑针，钩1行短针。如图所示将织片编成花形。对齐织片的两侧（♥、♥），使用配色线的线头进行缝合。花片中心将织片直线部分的中心（★）聚在一起缝合固定。在花片外围钩织边缘编织的第1行调整形状。反面花片按长针条纹花样钩10行。将正面和反面的花片正面朝外重叠后钩边缘编织的第2、3行，注意钩第2行时在2个花片里一起插入钩针钩织。

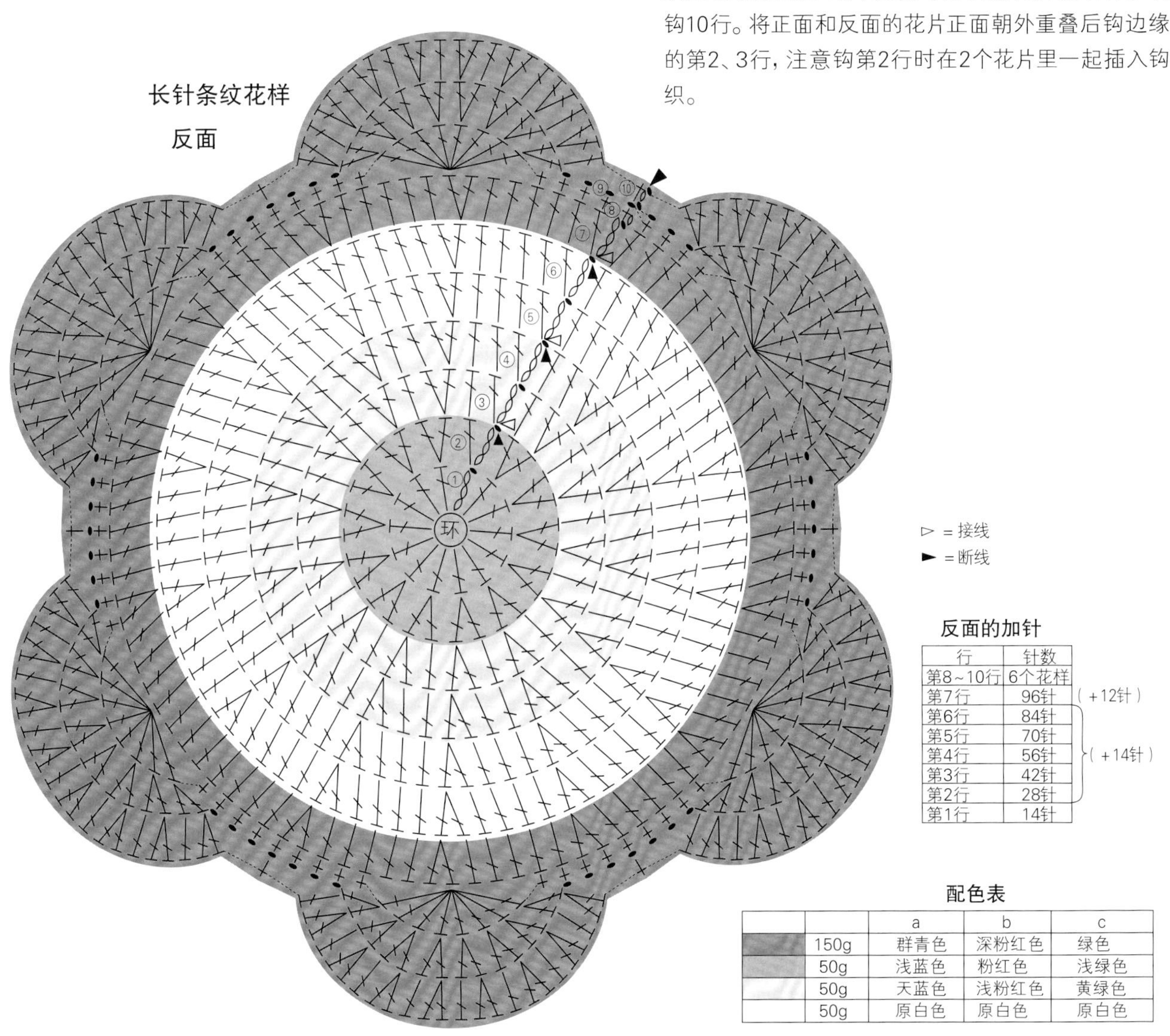

反面的加针

行	针数	
第8~10行	6个花样	
第7行	96针	（+12针）
第6行	84针	（+14针）
第5行	70针	
第4行	56针	
第3行	42针	
第2行	28针	
第1行	14针	

配色表

		a	b	c
	150g	群青色	深粉红色	绿色
	50g	浅蓝色	粉红色	浅绿色
	50g	天蓝色	浅粉红色	黄绿色
	50g	原白色	原白色	原白色

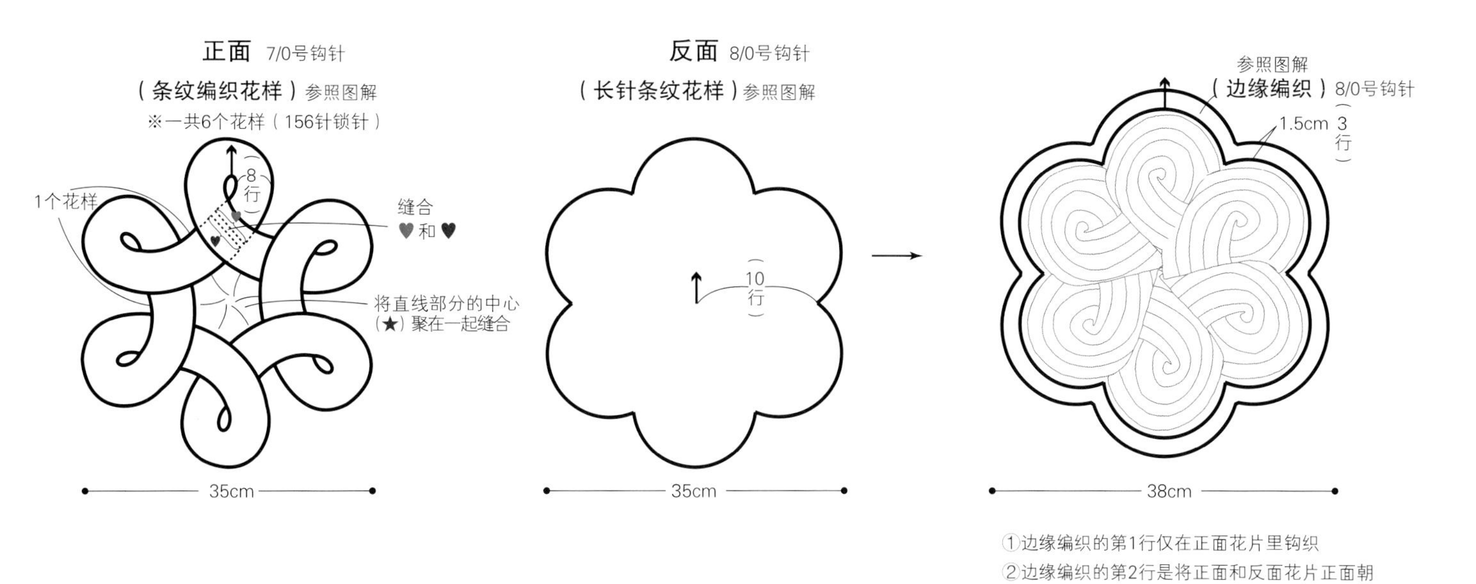

条纹编织花样

正面

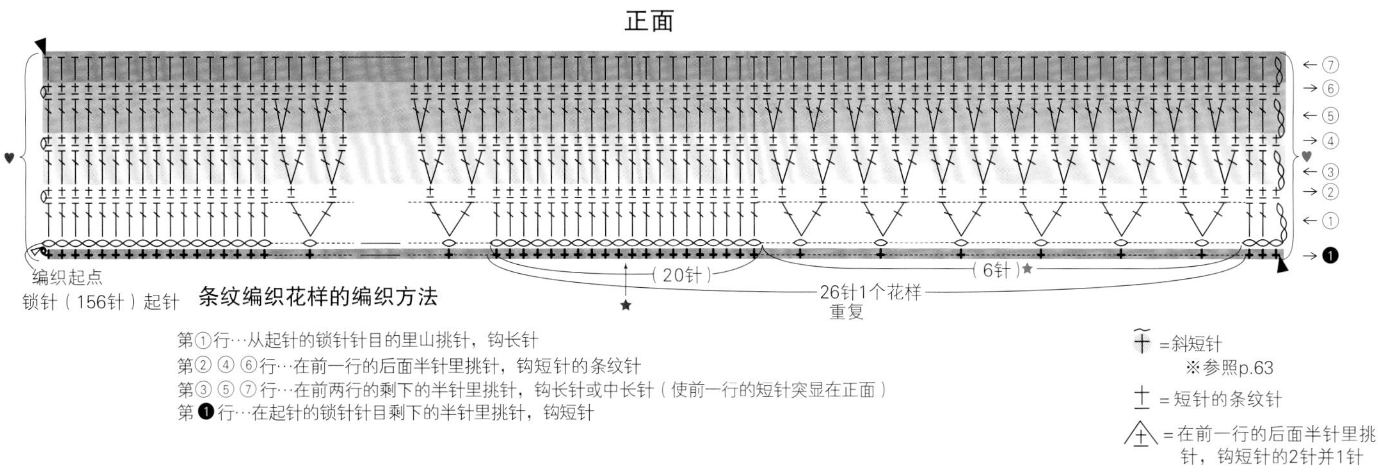

条纹编织花样的编织方法

第①行…从起针的锁针针目的里山挑针，钩长针

第②④⑥行…在前一行的后面半针里挑针，钩短针的条纹针

第③⑤⑦行…在前两行的剩下的半针里挑针，钩长针或中长针（使前一行的短针突显在正面）

第❶行…在起针的锁针针目剩下的半针里挑针，钩短针

斜短针
※参照p.63

= 短针的条纹针

= 在前一行的后面半针里挑针，钩短针的2针并1针

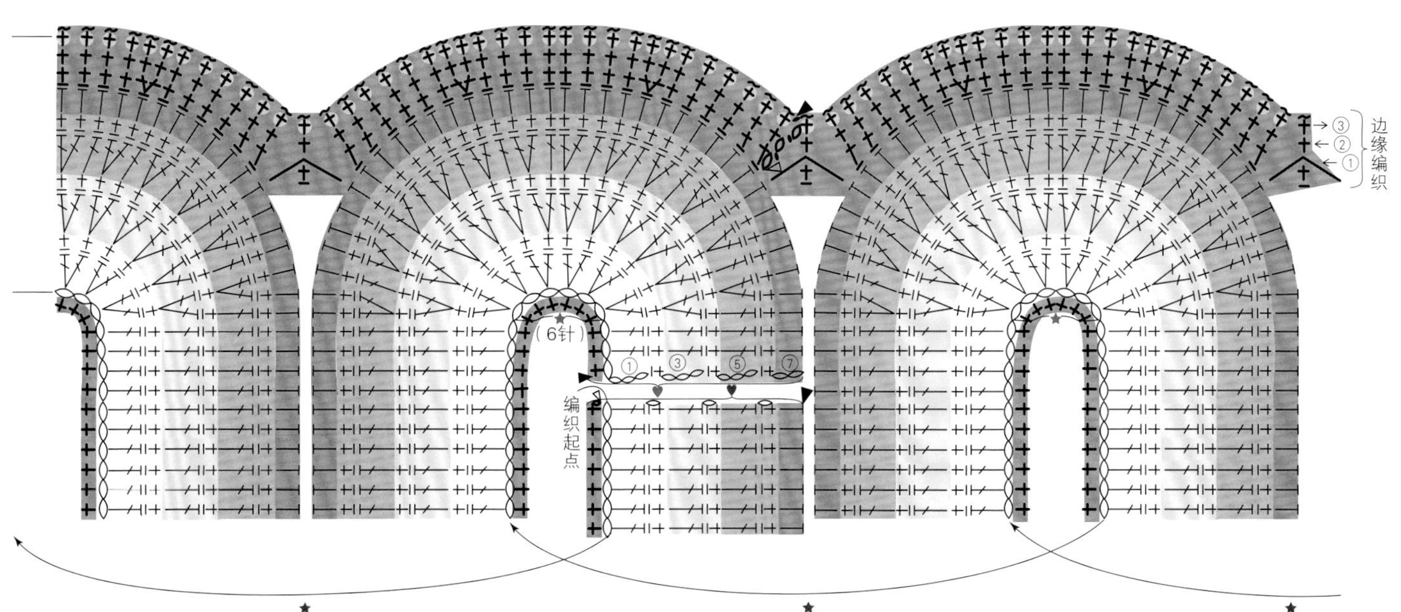

living room
起居室

将袋子挂在墙上，立刻变成了非常便利的收纳袋，
充满回忆的明信片和备忘录等，都放进来吧！
漂亮的流苏使羊毛收纳袋给人挂毯似的感觉。
锁针粗绳门帘的通透感恰到好处，房间也显得更为明亮了。用2根线钩织，增添了渐变的效果。

羊毛收纳袋

制作方法 ▶▶ p.32

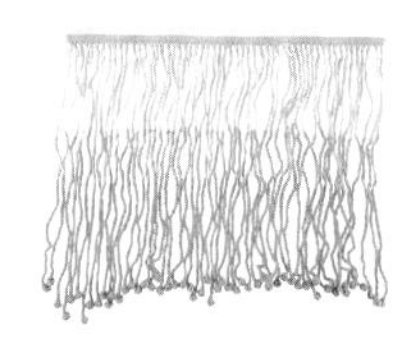

短门帘

制作方法 ▶▶ p.33

UBD
Brisbane
MAP
SAVOYS
"THE PULPIT"
THE CAVERNS, SHELL BEACH, CALIF.
CIKK Sz
MNO Sz
NAGYS
FOGYÁR

羊毛收纳袋 作品 ▶▶ p.30

设计 野口智子

材料和工具

●线…和麻纳卡 Bonny

黄色（478）50g、灰色（486）30g、深灰色（481）10g

●钩针…8/0 号

成品尺寸 宽 约 20cm、长 约 29cm（不含细绳、流苏）

编织方法 上部钩 14 针锁针起针，按短针条纹花样钩 30 行。从上部的两侧（★、★）挑针，钩 1 行短针调整形状。在★一侧接着钩 13 行长针制作口袋 A。参照图解钩织口袋 B。重叠口袋 A、B 两层织片后做卷针缝缝合。在图示指定位置系上流苏。在上部接线，钩织细绳。

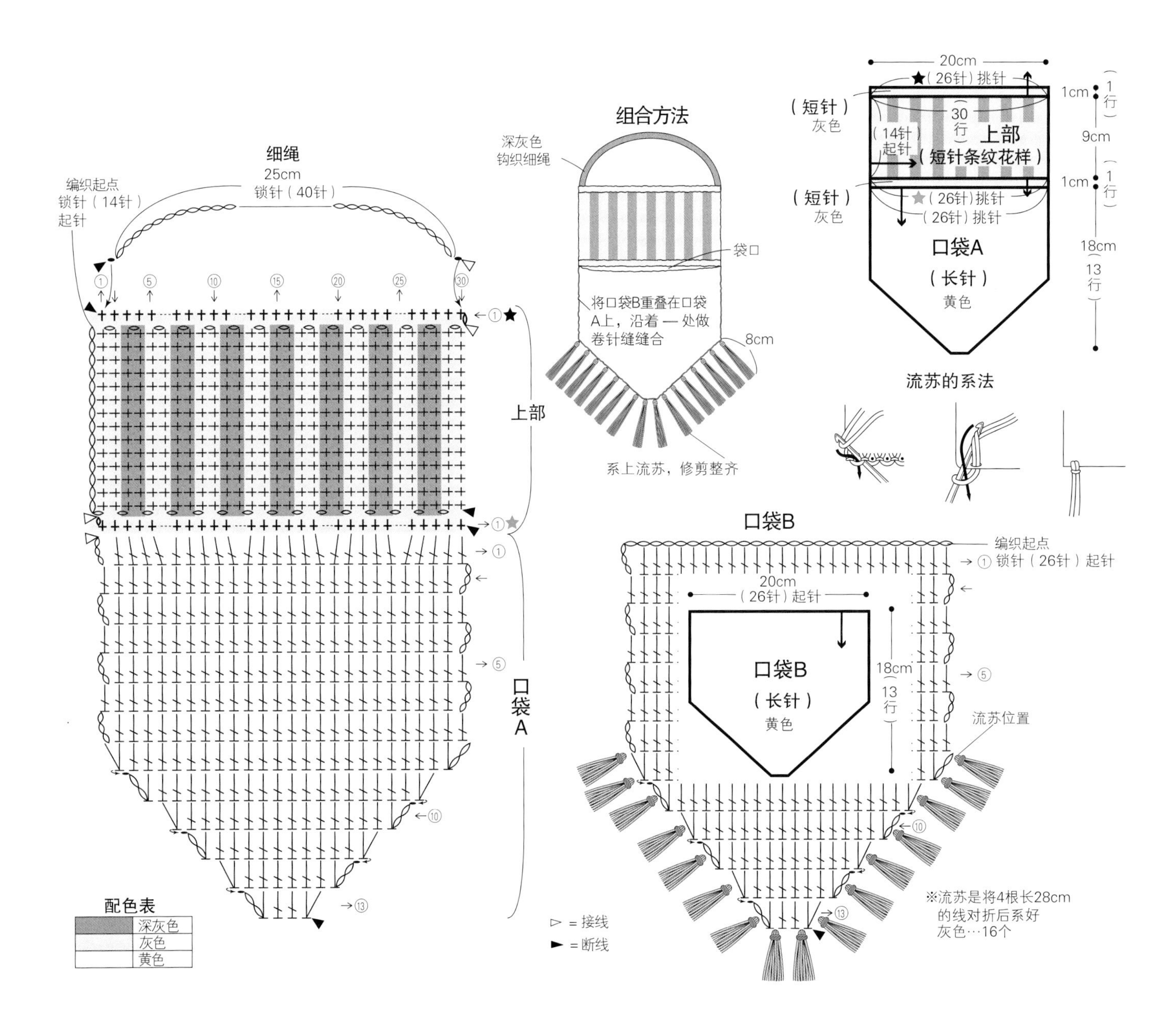

短门帘

作品 ▶▶ p.30

设计　野口智子

材料和工具

●线…和麻纳卡 Love Bonny

姜黄色（127）165g、米色（103）160g

●钩针…5/0 号、10/0 号

成品尺寸　宽 约 100cm、长 约 83cm

编织方法　上部钩 160 针锁针起针，钩 10 行短针。在上部的编织终点接线，取 2 根指定的线钩织门帘部分。将上部对折，做卷针缝缝合。

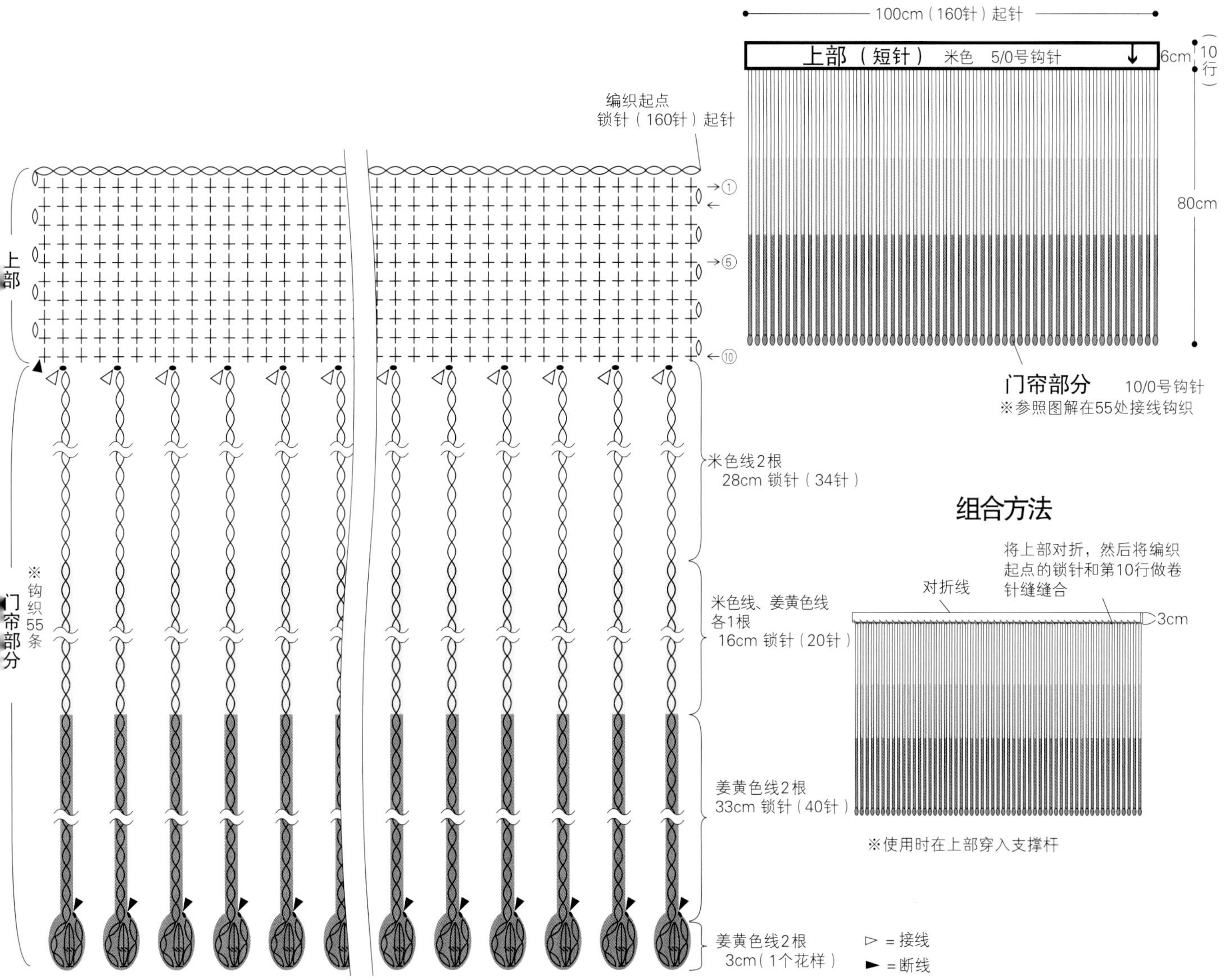

UNITED STATES MAP

my room
书房

最喜欢的就是坐在圆形地垫上，
想要什么都可以随手拿到，真是太棒了！
只要改变线的粗细，就可以编织大、中、小三种尺寸的圆形收纳篮。
带纽襻的室内鞋，在鞋面部分采用了拉针花样。
从中心向外钩织的圆形地垫，以灰色为主色，突显了粉红色和黄色条纹。

圆形收纳篮
制作方法 ▶▶ p.36

室内鞋
制作方法 ▶▶ p.37

地垫（圆形）
制作方法 ▶▶ p.38

圆形收纳篮

作品 ▶▶ p.35

设计　风工房

材料和工具

●线…a 和麻纳卡 Love Bonny　米色（103）80g
b 和麻纳卡 Bonny　翡翠绿色（498）115g
c 和麻纳卡 Jumbonny　灰粉色（10）250g

●钩针…a 5/0 号、b 7/0 号、c 7mm

成品尺寸　直径：a 约13.5cm、b 约17cm、c 约25cm

编织方法　分别从底部环形起针，一边加针一边钩 12 行短针。然后，侧面无须加减针钩织指定行数。按个人喜好，将编织结束时的边缘向外侧翻折。

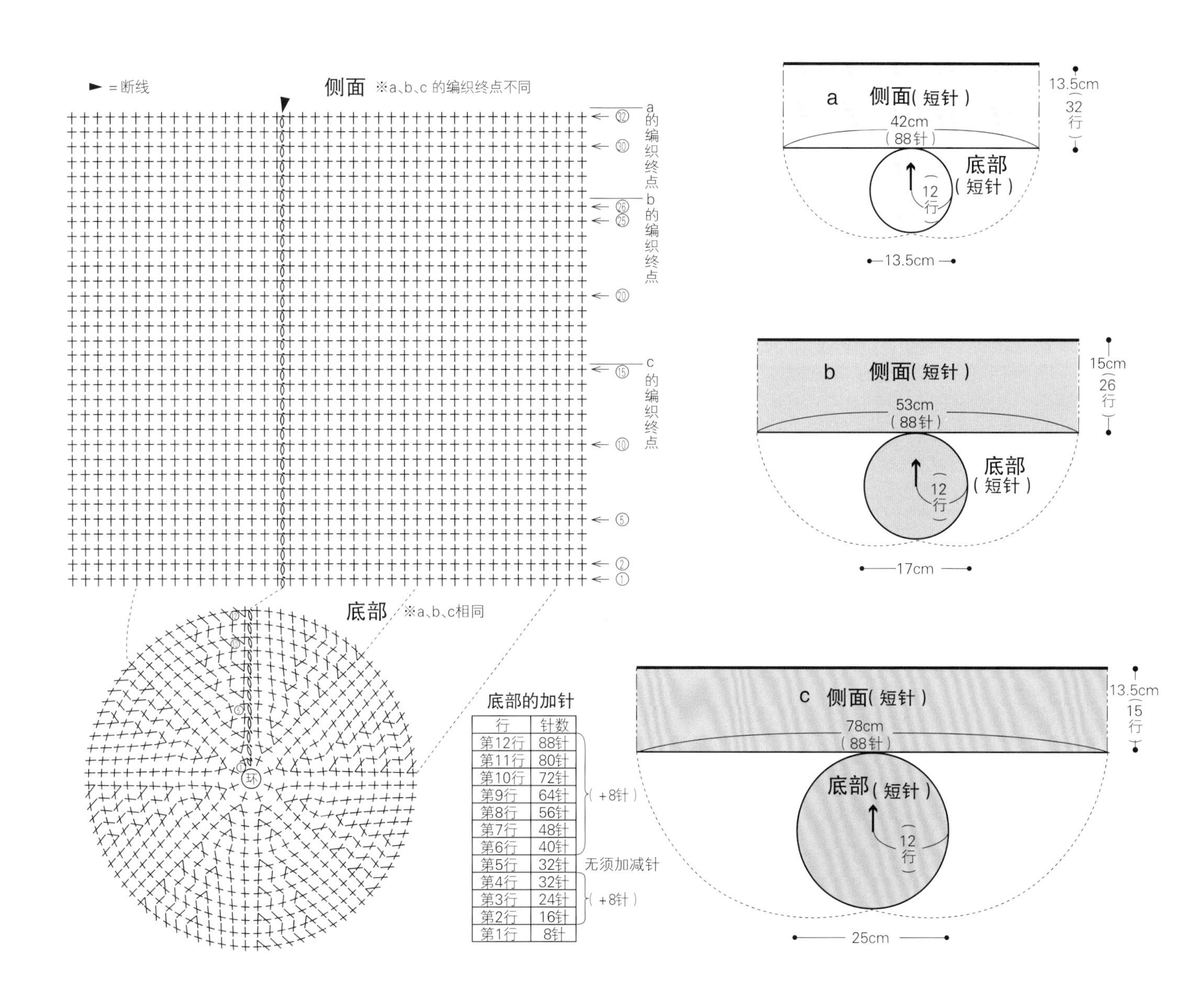

底部的加针

行	针数	
第12行	88针	（+8针）
第11行	80针	
第10行	72针	
第9行	64针	
第8行	56针	
第7行	48针	
第6行	40针	
第5行	32针	无须加减针
第4行	32针	（+8针）
第3行	24针	
第2行	16针	
第1行	8针	

室内鞋 作品 ▶▶ p.35

设计 Tomo Sugiyama

材料和工具

●线…和麻纳卡 Bonny

紫红色（499）105g

●其他…直径 15mm 的纽扣 2 颗

●钩针…7/0 号

成品尺寸 鞋底约 24cm

编织方法 在鞋头位置钩5针锁针起针，按往返编织的方法环形钩织14行，然后断线。在鞋口接线，钩24行作为侧面和鞋底。在鞋底接线，钩织鞋跟。对齐标记（★、★）做卷针缝缝合侧面和鞋跟。在鞋口钩1行短针调整形状。钩织纽襻，将纽襻和纽扣缝在图示指定位置。

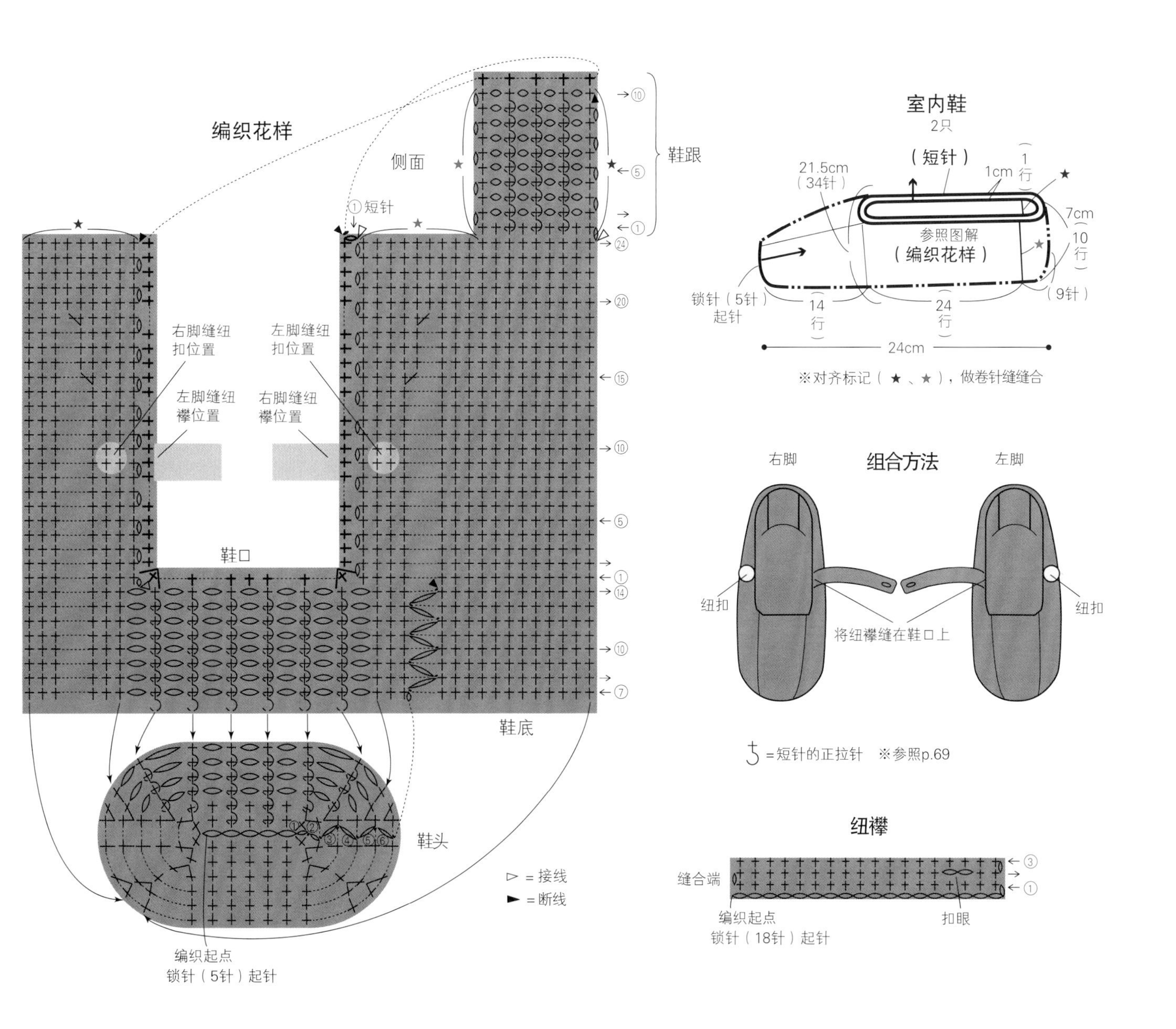

地垫（圆形） 作品 ▶▶ p.35

设计　风工房

材料和工具

●线…和麻纳卡 Bonny

灰色（486）280g、深灰色（481）210g、亮粉红色（468）80g、柠檬黄色（432）55g

●钩针…7/0 号

成品尺寸　直径 约 84cm

编织方法　在中心位置环形起针，一边加针一边钩织短针条纹花样。最后一行朝相反方向钩织。

地垫

（短针条纹花样）

69行

84cm

地垫的加针

行	针数	
第36行	224针	☆
第35行	224针	
第34行	216针	（+8针）
第33行	208针	
第32行	200针	☆
第31行	200针	
第30行	192针	（+8针）
第29行	184针	
第28行	176针	☆
第27行	176针	
第26行	168针	（+8针）
第25行	160针	
第24行	152针	☆
第23行	152针	
第22行	144针	（+8针）
第21行	136针	
第20行	128针	☆
第19行	128针	
第18行	120针	（+8针）
第17行	112针	
第16行	104针	☆
第15行	104针	
第14行	96针	（+8针）
第13行	88针	
第12行	80针	☆
第11行	80针	
第10行	72针	
第9行	64针	（+8针）
第8行	56针	
第7行	48针	
第6行	40针	☆无须加减针
第5行	40针	
第4行	32针	（+8针）
第3行	24针	
第2行	16针	
第1行	8针	

行	针数	
第69行	416针	☆
第68行	416针	☆
第67行	416针	
第66行	408针	（+8针）
第65行	400针	
第64行	392针	☆
第63行	392针	
第62行	384针	（+8针）
第61行	376针	
第60行	368针	☆
第59行	368针	
第58行	360针	（+8针）
第57行	352针	
第56行	344针	☆
第55行	344针	
第54行	336针	（+8针）
第53行	328针	
第52行	320针	☆
第51行	320针	
第50行	312针	（+8针）
第49行	304针	
第48行	296针	☆
第47行	296针	
第46行	288针	（+8针）
第45行	280针	
第44行	272针	☆
第43行	272针	
第42行	264针	（+8针）
第41行	256针	
第40行	248针	☆
第39行	248针	
第38行	240针	（+8针）
第37行	232针	

配色表

	亮粉红色
	柠檬黄色
	深灰色
	灰色

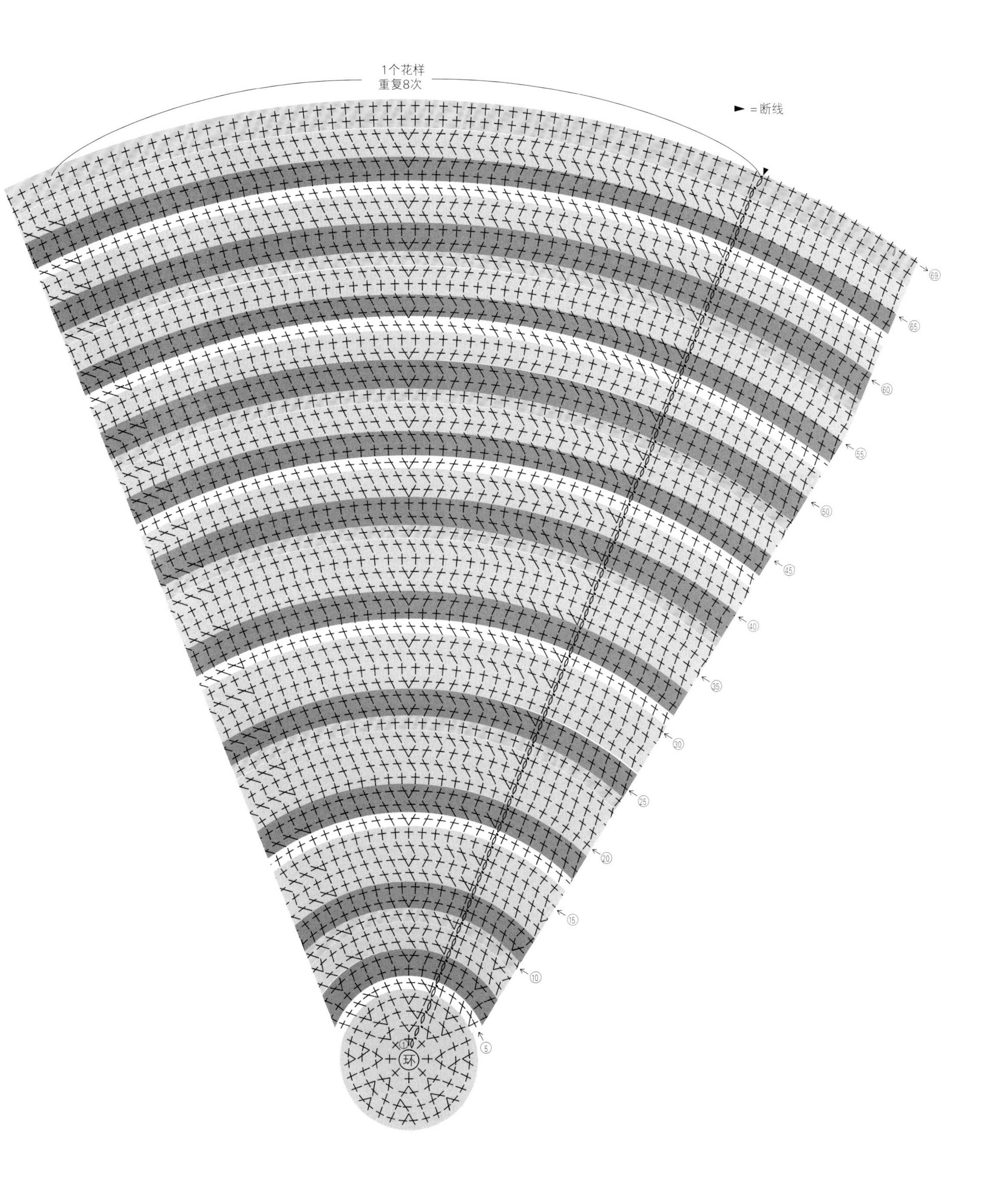
1个花样
重复8次
► =断线
69
65
60
55
50
45
40
35
30
25
20
15
10
5
1
环

my room

书房

换上舒适的衣服，或坐在桌前看书，或枕在靠垫上打个盹……
在这里，不管做什么都会很舒服。
条纹花样的地垫既可纵向使用，也可横向使用。
挂式收纳袋是起伏针编织而成的。
卷纸套的短针配色花样呈螺旋状。

地垫（长方形）
制作方法 ▶▶ p.42

挂式收纳袋
制作方法 ▶▶ p.43

卷纸套
制作方法 ▶▶ p.44

THE FISHER BOYS
The Magical Arts
C.A.Burland

地垫（长方形）

作品 ▶▶ p.40

设计　风工房

材料和工具

●线…和麻纳卡 Bonny

天蓝色（471）135g、群青色（473）120g、浅蓝色（472）120g、蓝色（462）115g、翡翠绿色（498）105g、柠檬绿色（495）55g、原白色（442）50g

●钩针…7/0 号

成品尺寸　约 73cm×83cm

编织方法　钩 113 针锁针起针，参照图解的配色，按短针条纹花样钩织 136 行。在地垫的周围钩 2 行边缘编织，注意钩第 2 行时翻至反面朝相反方向钩织。

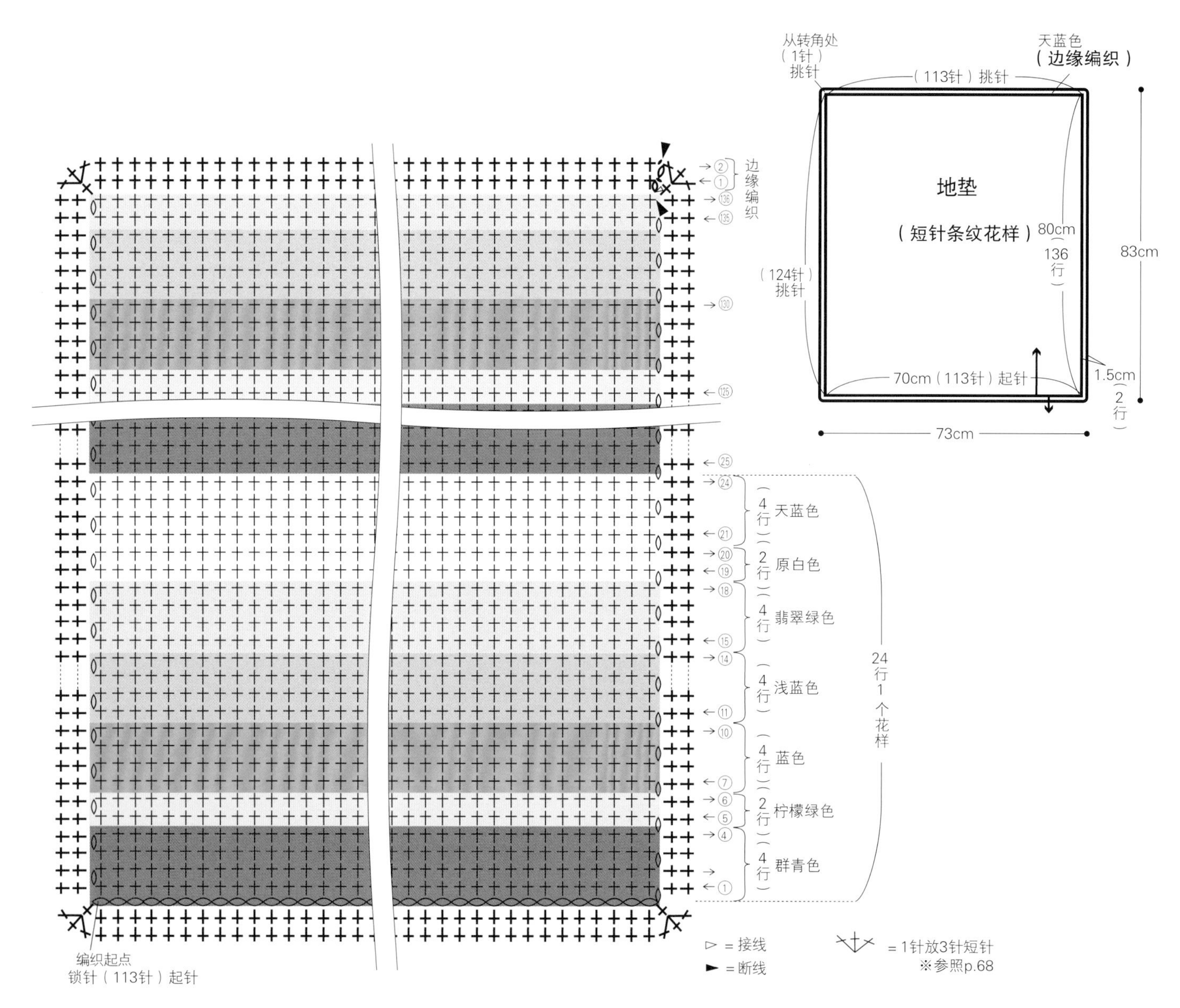

挂式收纳袋

作品 ▶▶ p.40

设计　风工房

材料和工具

●线…和麻纳卡 Bonny

原白色（442）140g、柠檬绿色（495）75g、亮粉红色（468）50g

●棒针…9 号、钩针…7/0 号

成品尺寸　深约 45cm

编织方法　用共线锁针起针法钩 96 针起针，从袋口开始编织。在图示指定位置一边加减针，一边按起伏针条纹花样编织 116 行。底部在编织结束时的针目里穿入 2 次线后收紧。钩织挂环，然后将其缝在袋口上。

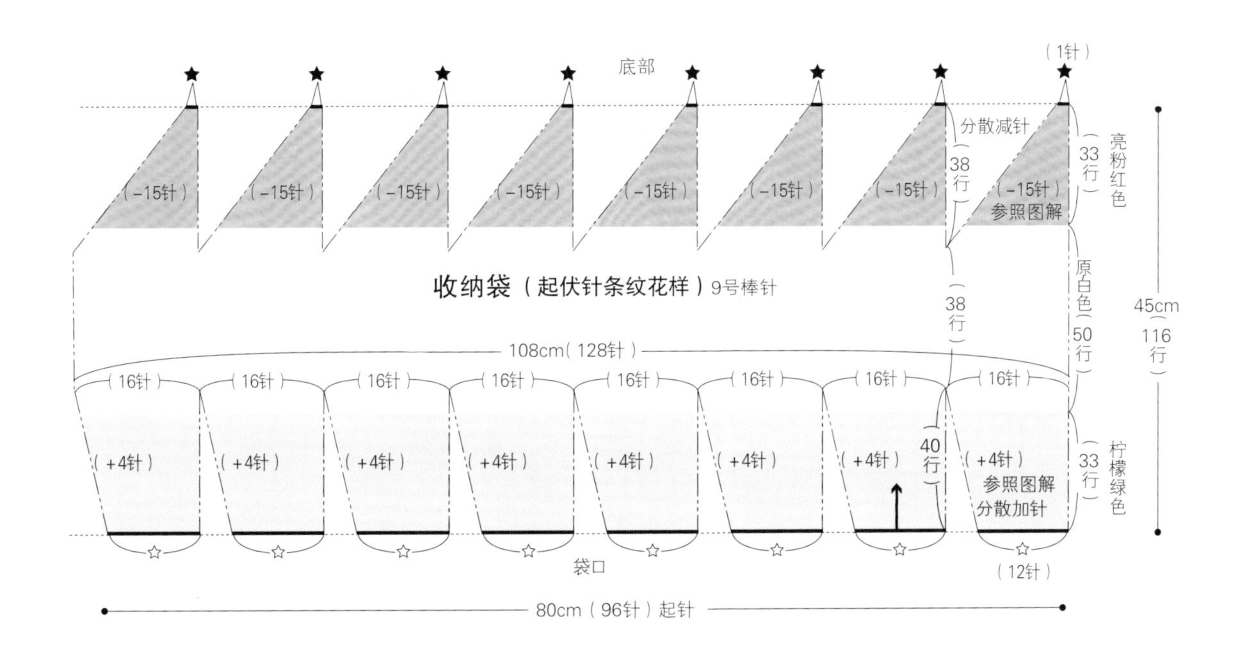

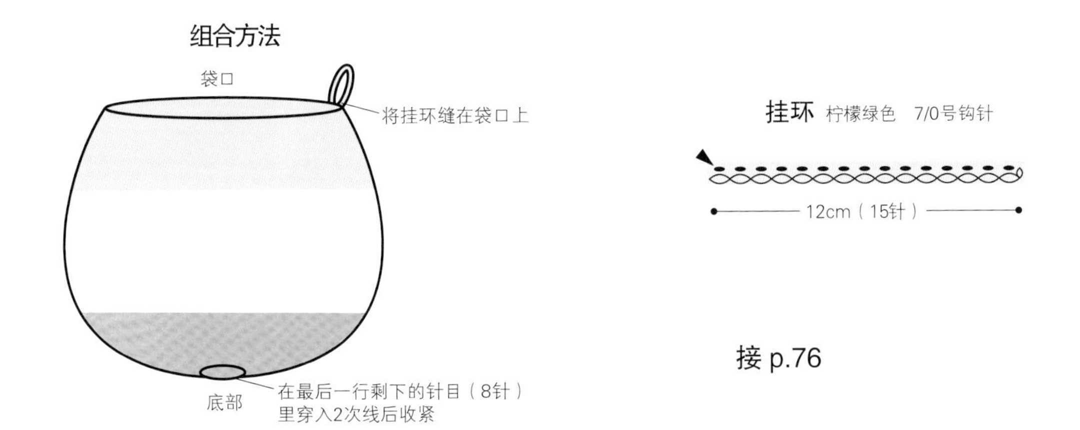

接 p.76

卷纸套 作品 ▶▶ p.40

设计 野口智子

材料和工具

●线…和麻纳卡 Bonny

a 淡蓝色（439）35g、黑色（402）25g

b 深灰色（481）35g、朱红色（429）25g

●钩针…8/0 号

成品尺寸 高 约 12.5cm、直径 约 11cm

编织方法 钩 12 针锁针起针，连接成环形，从取纸口开始钩织。参照图解，顶部一边加针一边钩 6 行短针。然后，侧面无须加减针钩织短针的配色花样（参照 p.70）。

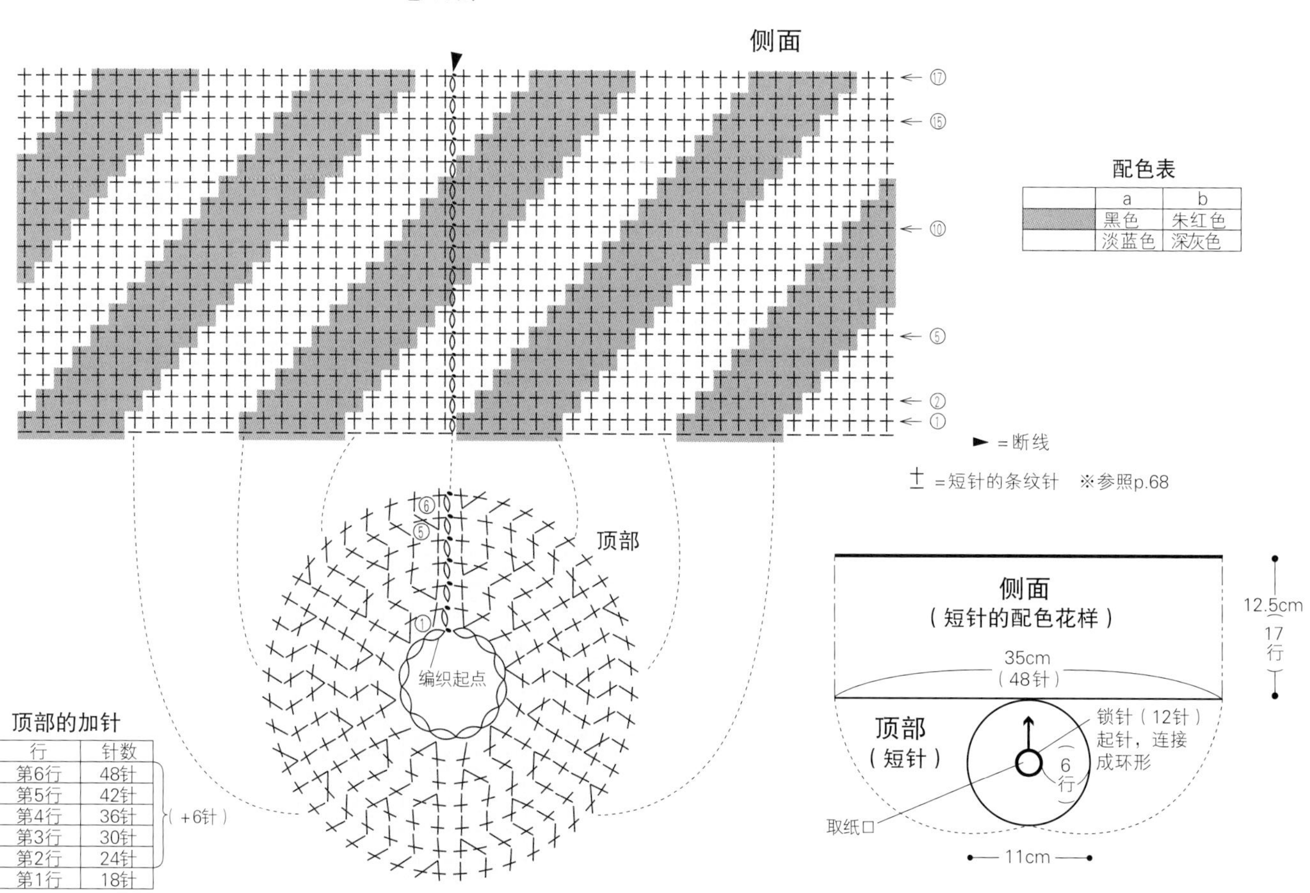

配色表

	a	b
(灰色)	黑色	朱红色
(白色)	淡蓝色	深灰色

顶部的加针

行	针数
第6行	48针
第5行	42针
第4行	36针
第3行	30针
第2行	24针
第1行	18针

（+6针）

圆形靠垫

作品 ▶▶ p.47

设计　金子祥子

材料和工具

●线…和麻纳卡 Jumbonny

a 灰粉色（10）、b 抹茶色（12）、c 群青色（16）各 430g

●其他…直径 55cm 的靠垫芯

●棒针…8mm

成品尺寸　直径 约 55cm

编织方法　另线锁针起针，编织起伏针。参照图解，按往返编织的要领编织 180 行。解开编织起点的另线锁针，与编织终点的针目做起伏针缝合。放入靠垫芯，分别在两端的针目（★、★）里穿入线后收紧。

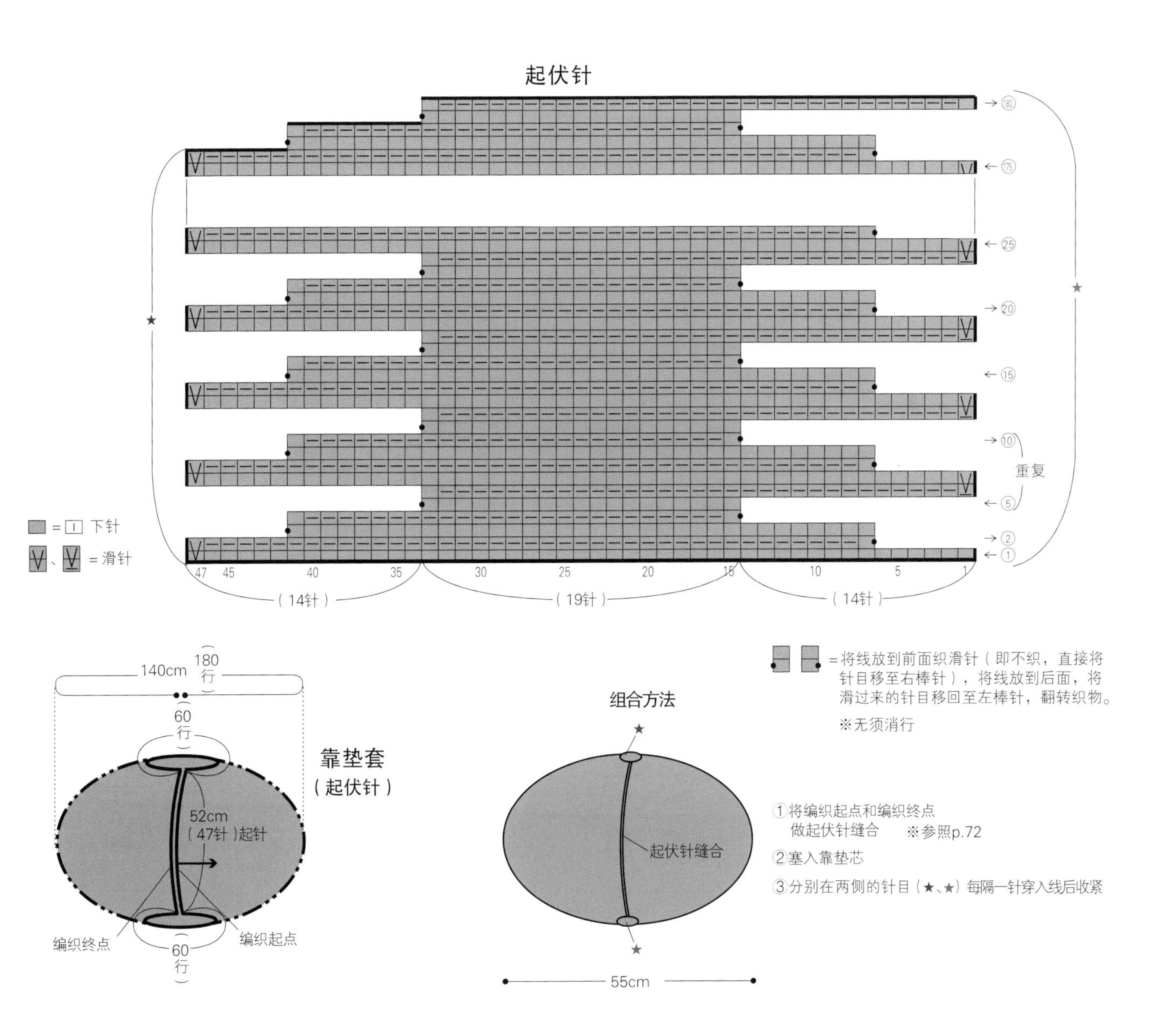

bedroom
卧室

床是家中最让人放松的地方，床边的小物还是手编的比较好。
圆形靠垫是起伏针编织而成的，毛线收纳篮和盒装纸巾套的编织花样是一样的，可以配套使用哟。板鞋造型的亲子毛线鞋，成人款的是毛毡底，儿童款的是防滑的皮革底。

圆形靠垫
制作方法 ▶▶ p.45

毛线收纳篮
盒装纸巾套
制作方法 ▶▶ p.48

亲子毛线鞋
制作方法 ▶▶ p.50

毛线收纳篮　盒装纸巾套

作品 ▶▶ p.47

设计　Yasuko Sebata

毛线收纳篮

材料和工具

●线…和麻纳卡 Jumbonny

原白色（1）100g，深红色（6）、抹茶色（12）各40g，天蓝色（15）25g，姜黄色（24）10g

●其他…宽 2cm、长 18cm 的皮革带 2 条、钉长 9mm 的铆钉 4 组、不织布（白色）4cm×4cm

●棒针…15 号、钩针…9/0 号

成品尺寸　周长 约 72cm

编织方法　主体部分从底部孔斯特起针（参照 p.75）开始编织，按条纹编织花样环形编织 40 行，编织结束时做伏针收针。底部花片环形起针，按往返编织的方法钩成正方形织片。参照组合方法，将底部花片缝在主体的内侧。最后，装上提手。

盒装纸巾套

材料和工具

●线…和麻纳卡 Bonny

深红色（450）20g，原白色（442）、姜黄色（491）、抹茶色（493）各15g，浅蓝色（472）10g

●其他…扁平松紧带 11cm

●棒针…8 号

成品尺寸　参照图示

编织方法　从取纸口位置开始编织。用深红色线钩锁针起针，参照图解按条纹编织花样编织 28 行，编织结束时做伏针收针。将两侧挑针缝合，在编织终点缝上扁平松紧带。

毛线收纳篮

（条纹编织花样）

15号棒针　参照图解

（92针）

24cm

40行

（8针）起针

72cm

（96针）

组合方法

不织布

铆钉

将底部花片叠放在收纳篮的内侧缝好

※装提手时，将不织布剪成直径1.5cm的小圆片用作垫片，再固定好铆钉

提手

（18cm）

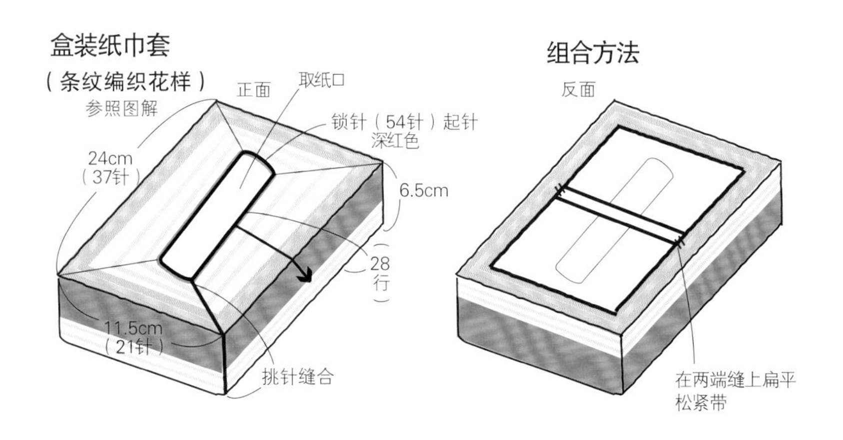

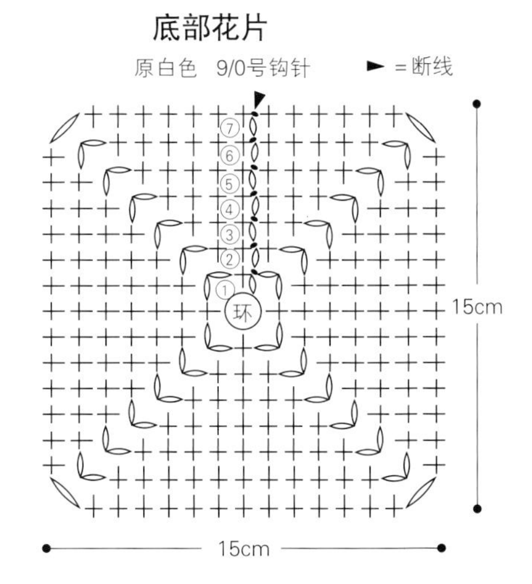

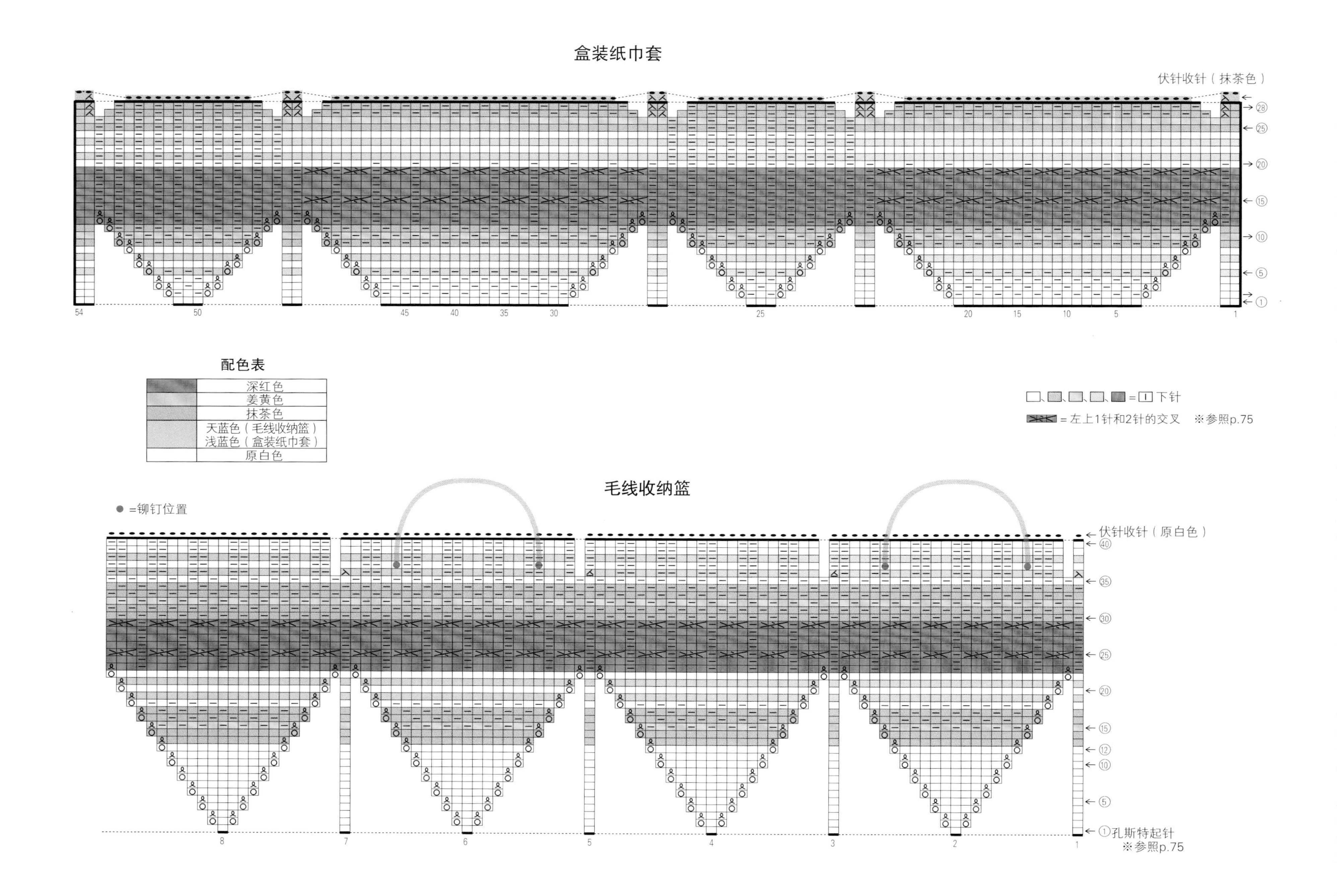

配色表

	深红色
	姜黄色
	抹茶色
	天蓝色（毛线收纳篮） 浅蓝色（盒装纸巾套）
	原白色

亲子毛线鞋 作品 ▶▶ p.47

设计 金子祥子

材料和工具

●线…和麻纳卡 Bonny
女款：群青色（473）55g、浅紫色（496）25g
童款：群青色（473）35g、姜黄色（491）15g
●其他…女款：室内鞋专用毛毡底（23cm）H204-594
童款：室内鞋专用皮革底（17.5cm）H204-632
●棒针…8号，钩针…女款：7.5/0号、童款：7/0号

成品尺寸 参照图示

编织方法 用手指挂线起针法起针，连接成环形，鞋口部分织单罗纹针后休针备用。鞋面部分接配色线，如图所示从鞋口的休针处接着编织起伏针。从鞋口剩下的休针处接着编织鞋跟。鞋跟部分两端从鞋面的行上挑取针目，一边加针一边编织。编织结束时休针，断线。在鞋跟的后中心位置接线，环形编织侧面部分。分别从鞋跟的休针、鞋面的行和针上挑取针目，注意鞋面编织终点的针目织3针并1针。在图示指定位置做鞋头部分的减针，编织结束时做伏针收针。将侧面的伏针收针与毛毡底（皮革底）正面朝外对齐，钩短针进行连接。

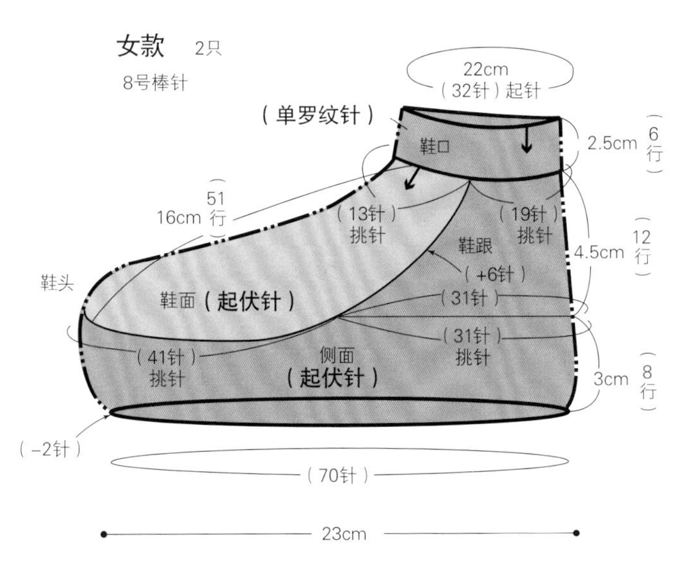

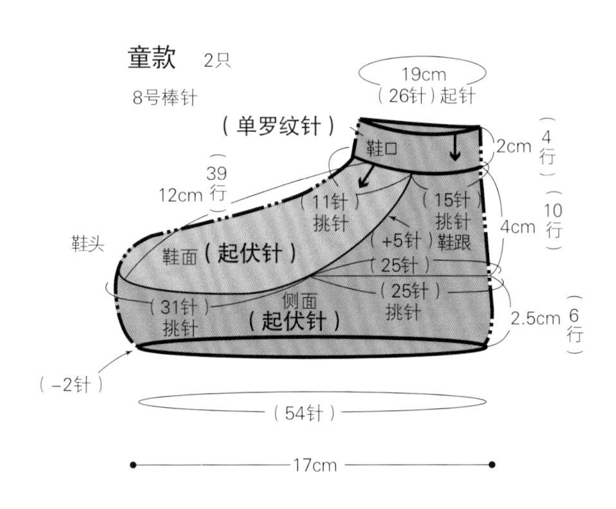

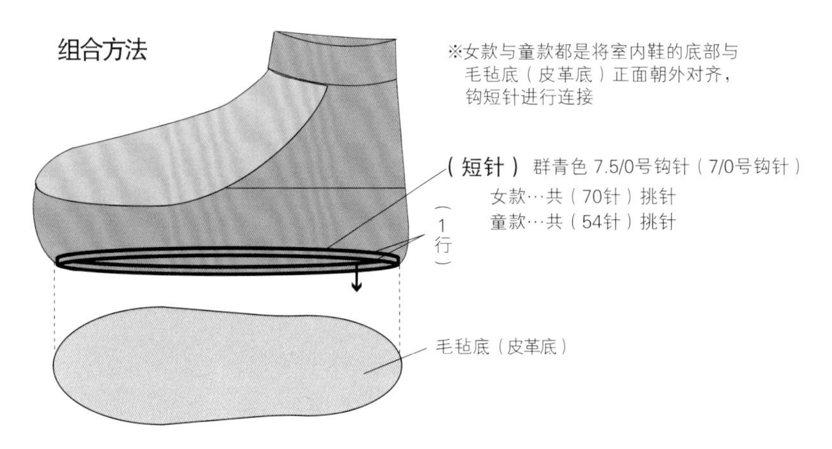

接 p.77

玩具收纳篮 作品 ▶▶ p.53

设计 青木惠理子

材料和工具

● 线…和麻纳卡 Jumbonny

黄色（11）290g

● 钩针…8mm

成品尺寸 底部 约 25cm×25cm、深 约 12cm（不含提手）

编织方法 按侧面 a、底、侧面 b 的顺序连续钩短针。然后钩织侧面 c，编织结束时接线钩织提手。侧面 d 的编织要领与侧面 c 相同。参照组合方法（p.78），将底部和侧面正面朝外对齐，钩短针连接。

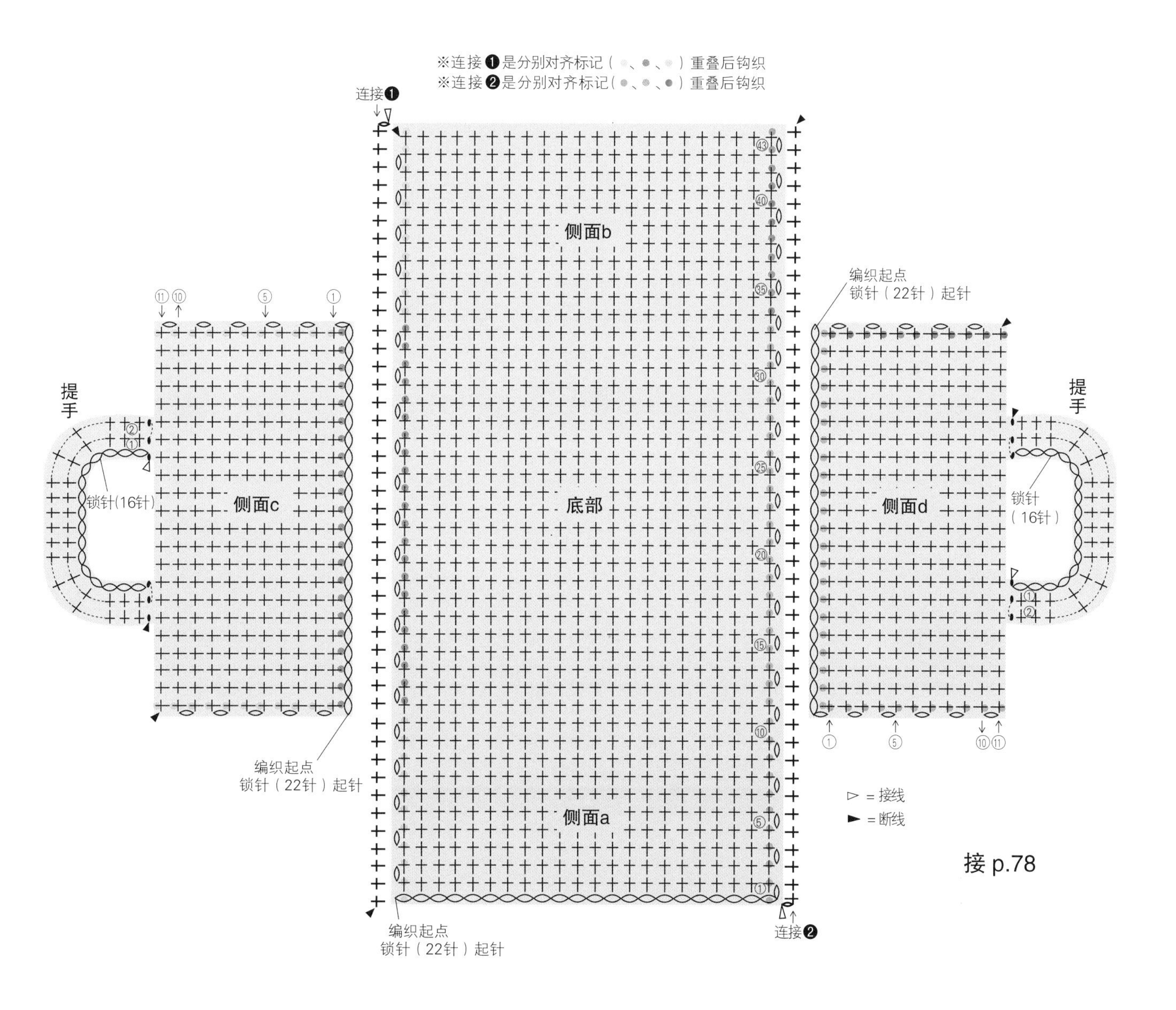

接 p.78

kid's room
儿童房

颜色鲜亮的小物件最适合装扮儿童房了。
窗边摇曳的挂饰，怎么看都不会厌烦，真是赏心悦目啊！
玩耍后要记得把玩具都放到收纳篮里哟！
盒装纸巾套上的小熊也可以换成挂饰上的小兔子或者小象。

玩具收纳篮

制作方法 ▶▶ p.51

动物造型盒装纸巾套

制作方法 ▶▶ p.54

挂饰

制作方法 ▶▶ p.56

动物造型盒装纸巾套

作品 ▶▶ p.53

设计　青木惠理子

材料和工具

●线…和麻纳卡 Bonny

小熊：深棕色（419）100g、小兔子（脸）：原白色（442）35g、小象（脸）：深灰色（481）45g

和麻纳卡 Love Bonny ※ 用于眼睛、鼻子、嘴巴

黑色（120）、红色（133）各少量

●其他…填充棉 适量

●钩针…8/0 号

成品尺寸　长 23cm、宽 12cm、深 6.5cm

编织方法　盒装纸巾套从取纸口位置起针，钩 8 行短针作为纸巾套的上面。参照图解，在起针处接线，在上面的另一侧钩 8 行短针。接着在上面的周围挑取针目，环形钩织侧面。分别参照图解钩织和制作小熊、小兔子、小象的脸部和作为尾巴的小绒球。参照组合方法，缝好脸部和小绒球尾巴。

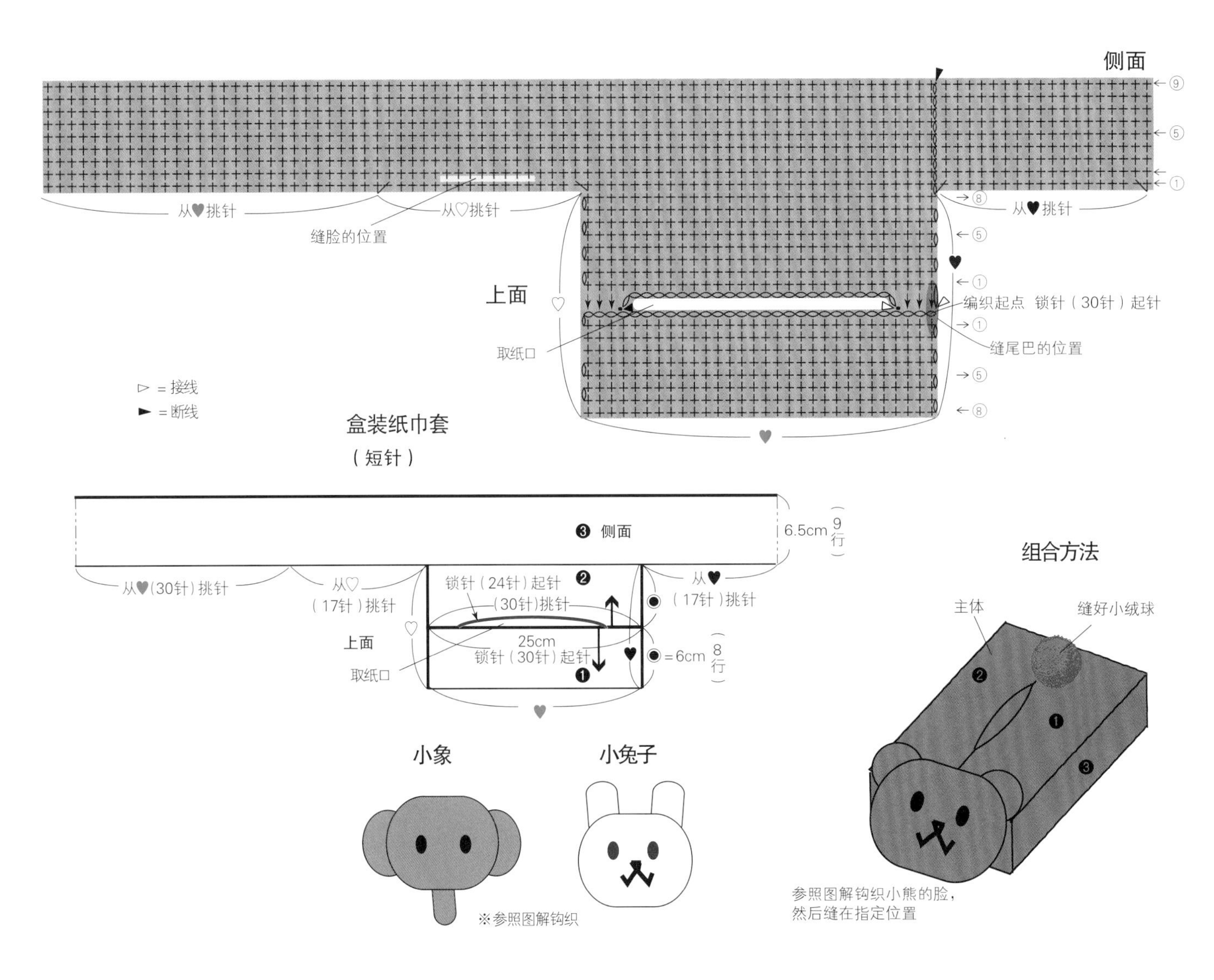

小熊的脸 深棕色…2个1组

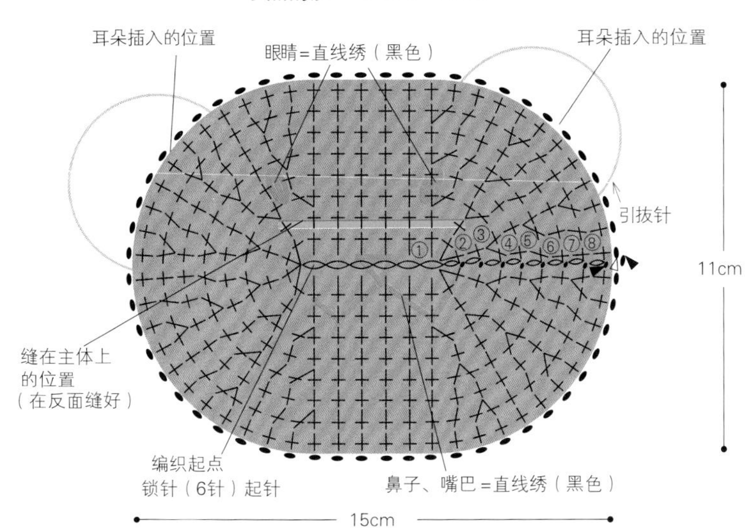

小熊的耳朵

深棕色…2只

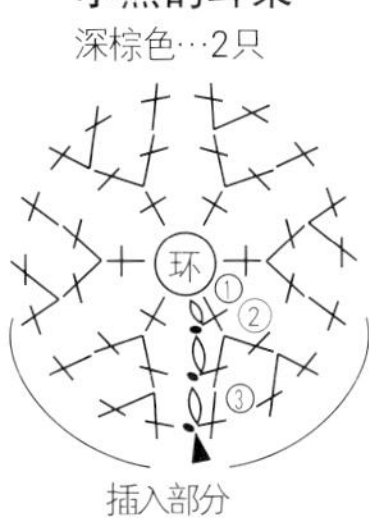

小绒球

深棕色 1个

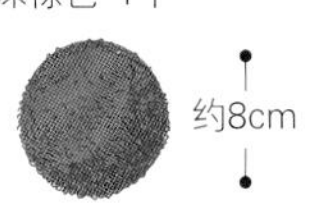

小绒球的制作方法

① 在手（或者宽约10cm的硬纸板）上绕60次线

② 剪断、扎紧

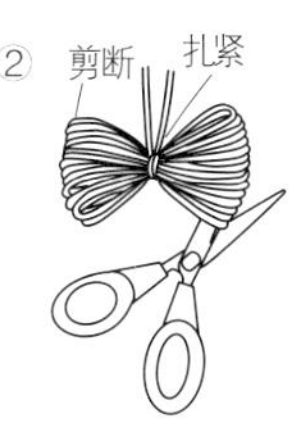

③

▷ = 接线
▶ = 断线

小熊的制作方法

※首先钩2只耳朵。钩2个脸部织片●，在脸的正面绣上眼睛、鼻子和嘴巴。将2个脸部织片正面朝外重叠后钩引拔针缝合，此时，插入耳朵，一边塞入填充棉一边钩织

小兔子的脸 原白色…2个1组

耳朵插入的位置
眼睛=直线绣（红色）
耳朵插入的位置
引拔针
编织起点
锁针（6针）起针
鼻子、嘴巴=直线绣（黑色）

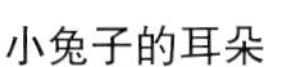

小兔子的耳朵

原白色…2只

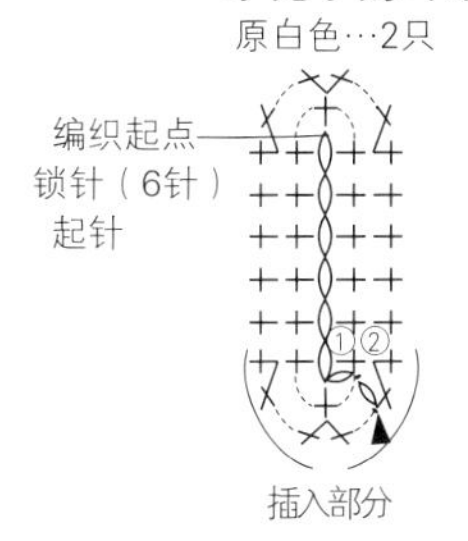

小兔子的制作方法

※首先钩2只耳朵。钩2个脸部织片●，在脸的正面绣上眼睛、鼻子和嘴巴。将2个脸部织片正面朝外重叠后钩引拔针缝合，此时，插入耳朵，一边塞入填充棉一边钩织

小象的脸 深灰色…2个1组

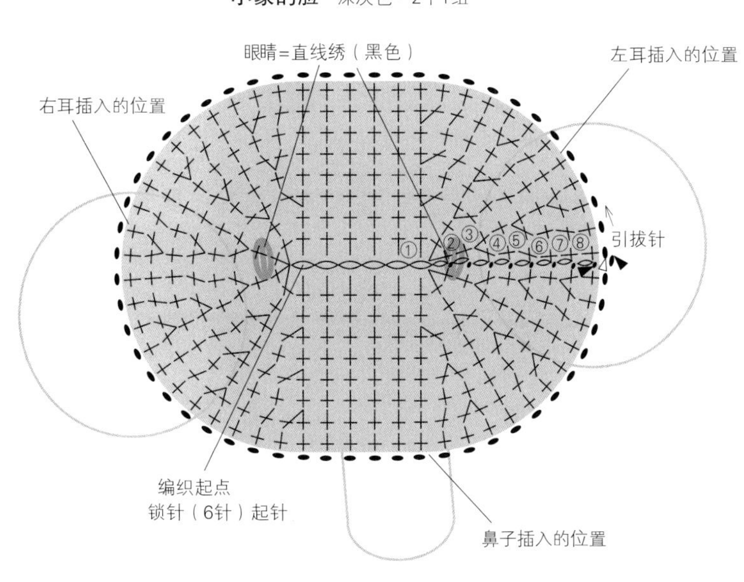

小象的耳朵

深灰色…2只

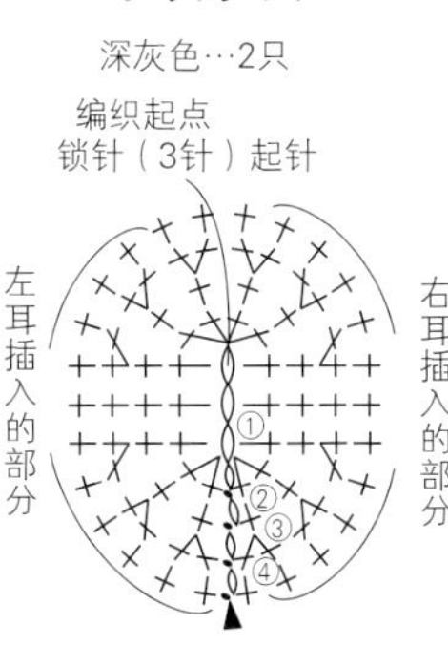

小象的鼻子

深灰色…1个

编织起点
锁针（6针）
起针
插入部分

小象的制作方法

※首先钩2只耳朵和1个鼻子。钩2个脸部织片●，在脸的正面绣上眼睛。将2个脸部织片正面朝外重叠后钩引拔针缝合，此时，插入耳朵和鼻子，一边塞入填充棉一边钩织

挂饰　作品 ▶▶ p.53

设计　青木惠理子

材料和工具

●线…和麻纳卡 Love Bonny
黑灰色（132）30g，原白色（101）、深棕色（119）、黄绿色（124）、青蓝色（135）各25g，橘黄色（126）20g，黑色（120）、红色（133）各少量

●其他…填充棉适量、直径 9mm 的小木棍 92cm

●钩针…6/0 号

成品尺寸　参照图示

编织方法　小熊、小兔子、小象的脸参照 p.55 的制作方法进行钩织和组合。圆形、正方形、三角形的花片每种颜色各钩 2 个。将吊绳穿入第 1 个花片后固定好，然后将第 2 个花片与第 1 个花片正面朝外重叠，将吊绳夹在中间，钩引拔针缝合。参照组合方法，将吊绳系在小木棍上，用黏合剂固定好，注意使 3 根小木棍保持水平状态。

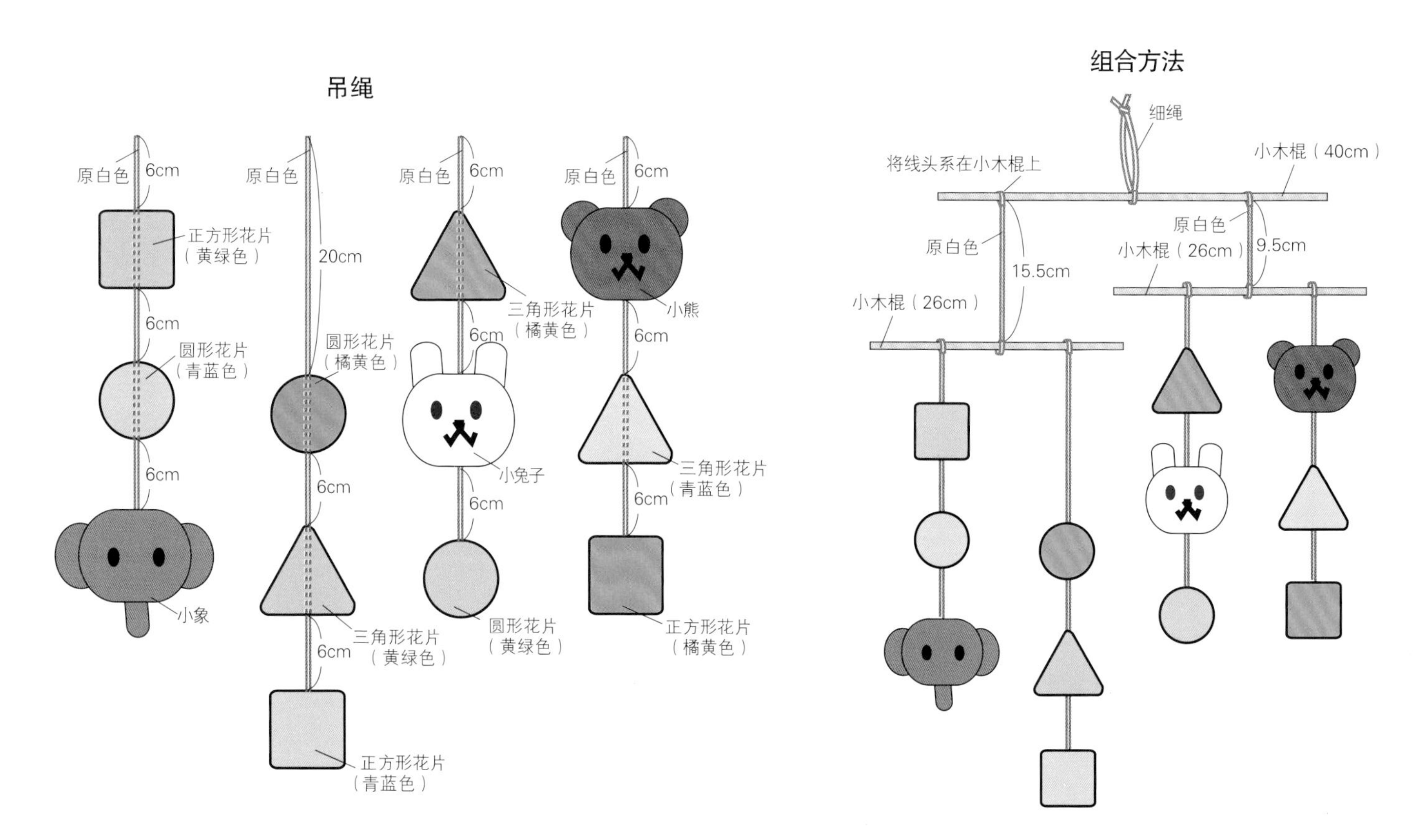

圆形花片、正方形花片、三角形花片的穿线方法

※穿线时，使花片的立针朝下

接 p.79

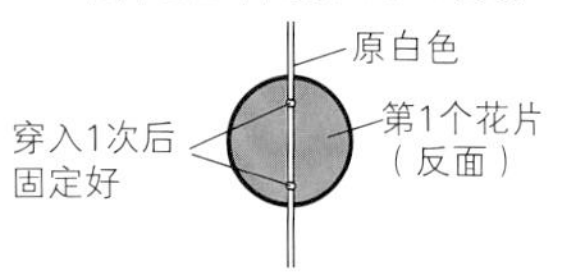

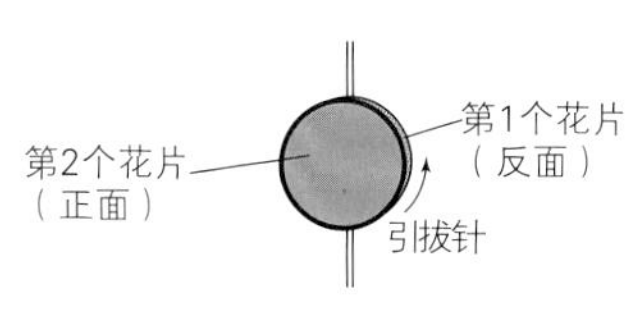

※将小木棍截成1根40cm和 2根26cm的短棍子
※参照图示，将线头系在小木棍上
※用黏合剂将线结固定好

拖鞋收纳篮 作品 ▶▶ p.59

设计 野口智子

材料和工具

●线…和麻纳卡 Bonny

米色（417）150g、白色（401）15g、朱红色（429）5g、深灰色（481）5g

●钩针…8/0 号

成品尺寸 底部 约 13cm×34cm、深 约 18cm

编织方法 在底部中间位置起针，一边加针一边钩 9 行短针。接着参照图解按短针的配色花样钩织侧面（参照 p.70）。

配色表

▇	深灰色
▇	朱红色
□	白色
▒	米色

► = 断线

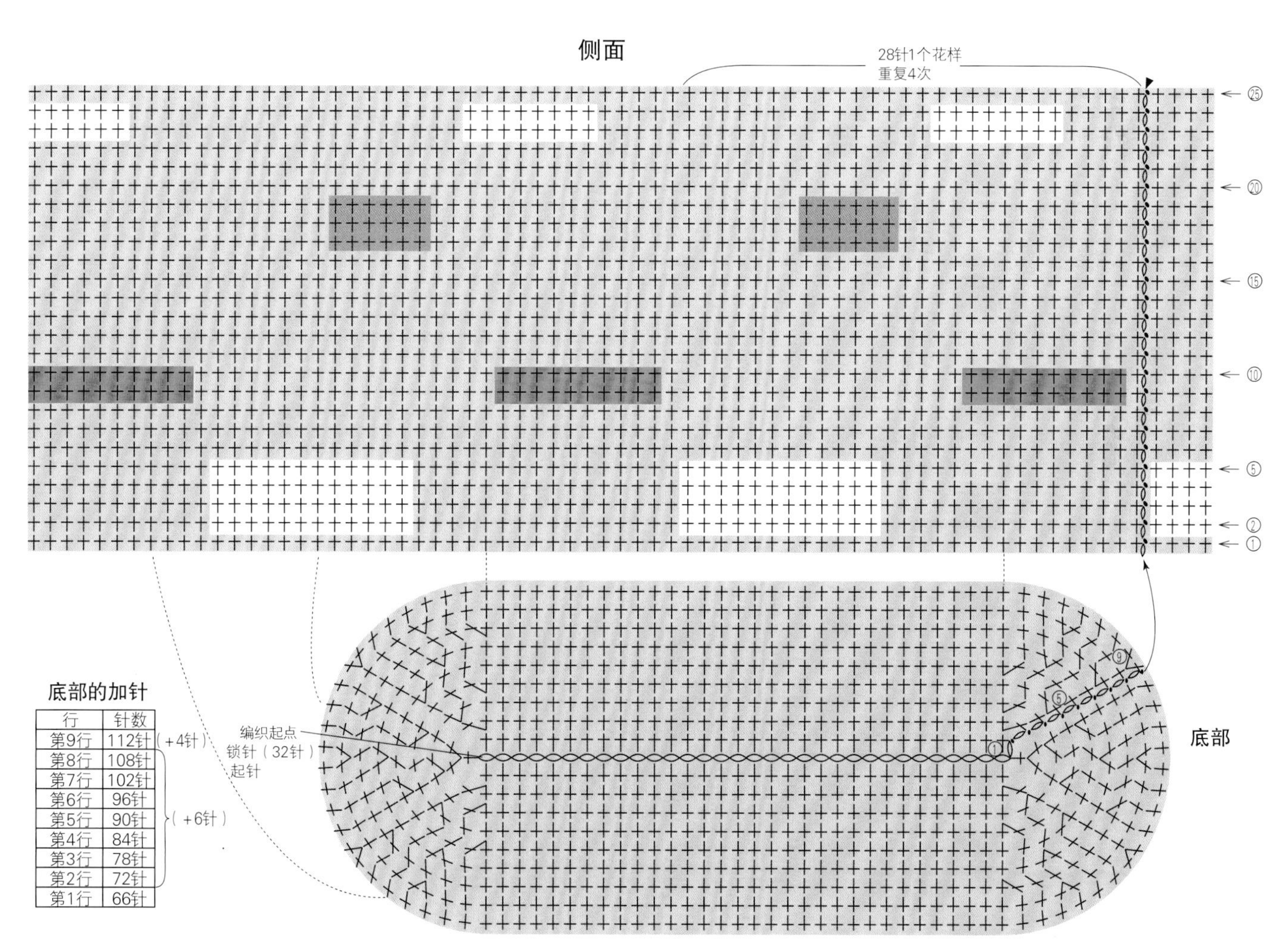

底部的加针

行	针数	
第9行	112针	(+4针)
第8行	108针	(+6针)
第7行	102针	(+6针)
第6行	96针	(+6针)
第5行	90针	(+6针)
第4行	84针	(+6针)
第3行	78针	(+6针)
第2行	72针	(+6针)
第1行	66针	

接 p.78

entrance

玄关

自己动手制作个性小物，布置一个不一样的玄关吧！
既可以让人自己和家人心情愉快，又可以给客人留下好印象。
拼布风地垫随机搭配了配色图案和花片，
狭长的收纳篮用来放拖鞋和室内鞋，会给人整洁、舒适的感觉。

拖鞋收纳篮
制作方法 ▶▶ p.57

拼布风地垫
制作方法 ▶▶ p.60

拼布风地垫

作品 ▶▶ p.59

设计　野口智子

材料和工具

●线…和麻纳卡 Bonny

灰色（486）100g、原白色（442）75g、粉红色（465）70g、绿色（426）55g

●钩针…8/0 号

成品尺寸　约 69cm×43cm

编织方法　地垫从中间分成左右 2 片钩织。如图所示一边连接织片一边钩织。参照组合方法做卷针缝缝合。最后，在周围钩 1 行短针调整形状。

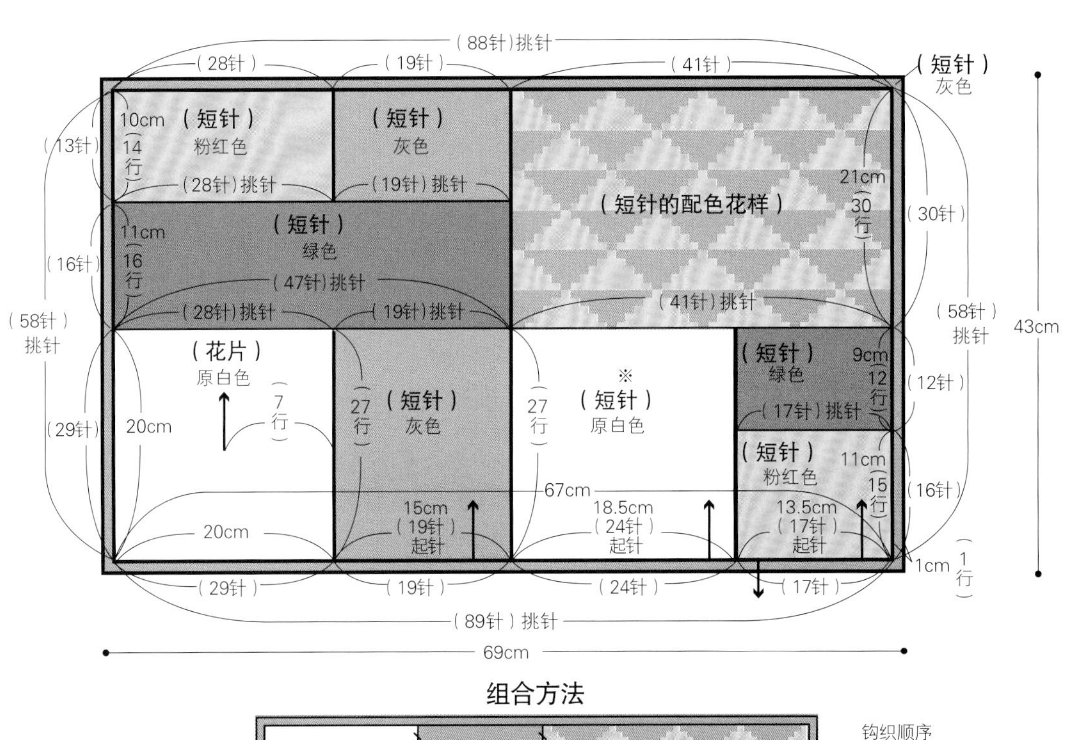

组合方法

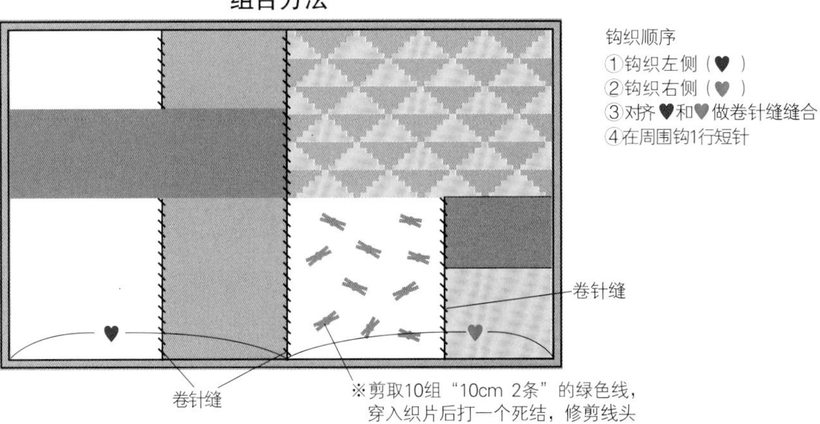

花片

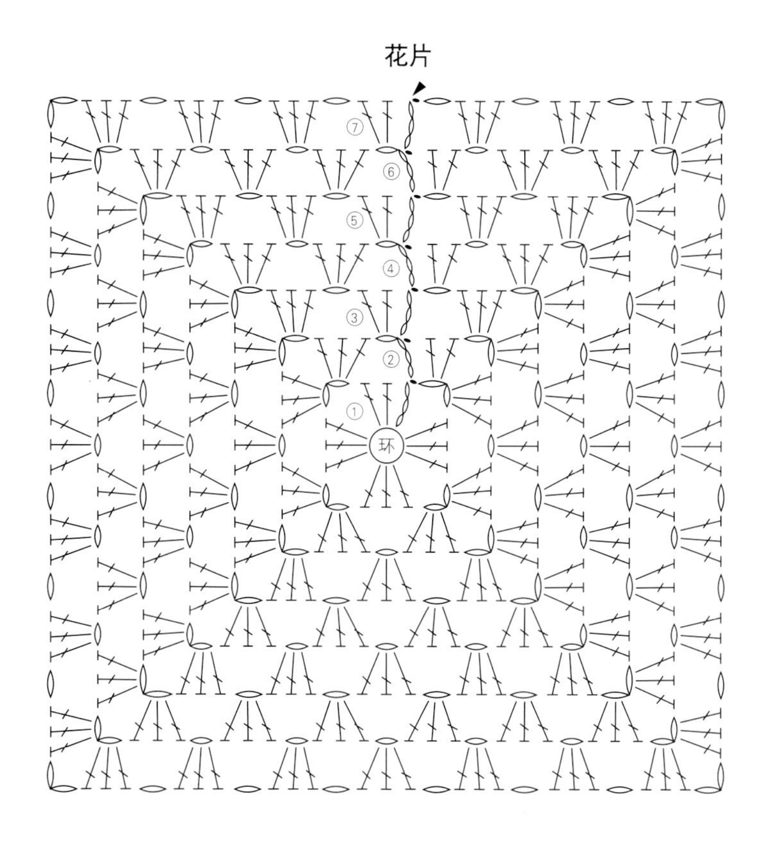

短针的配色花样

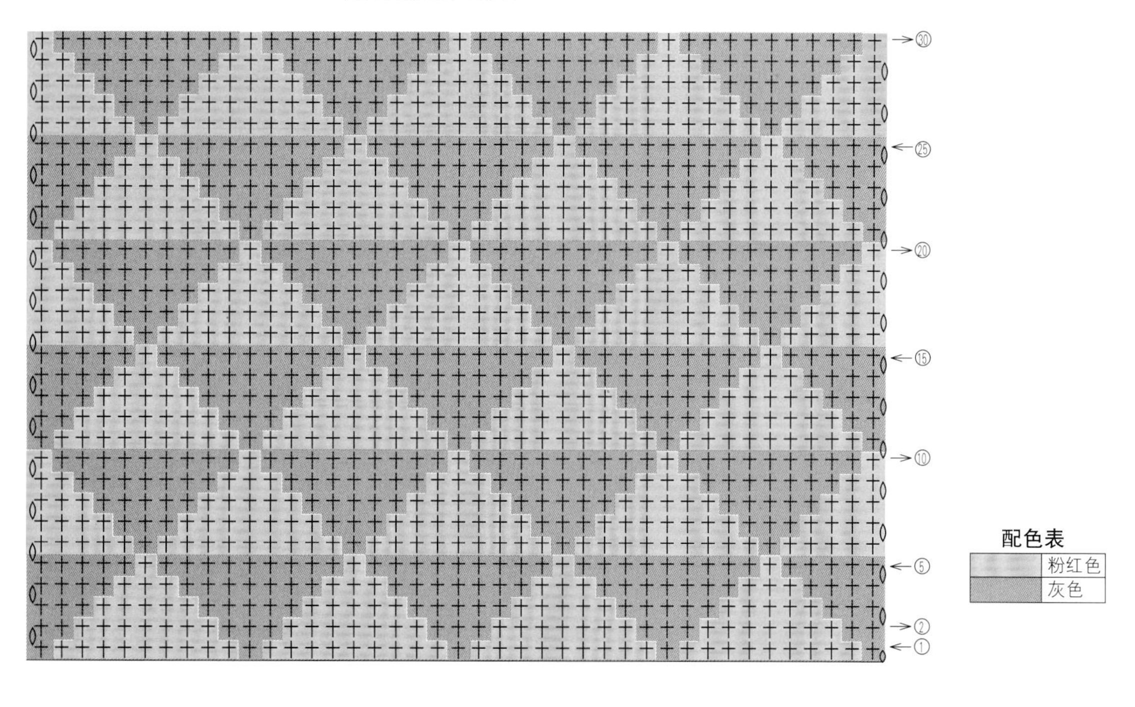

配色表

	粉红色
	灰色

短针

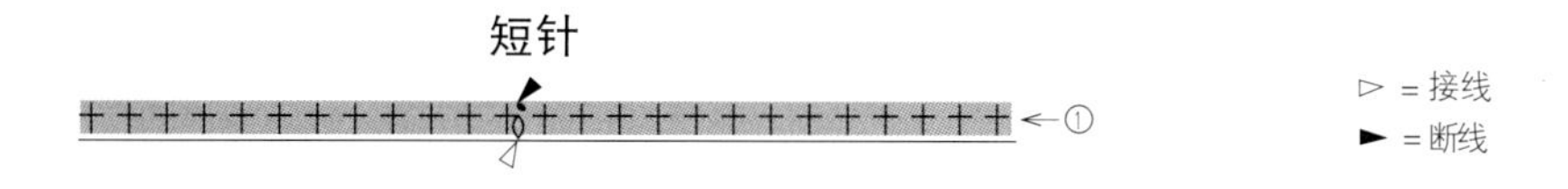

▷ = 接线
► = 断线

卷针

绕5次

绕在钩针上的线圈很难一次性顺滑地引拔。引拔时，耐心地用手指帮忙将所绕的线圈从针头一侧一针一针依次覆盖在前面的针目上。

在钩针上绕线的方向不同，针目会呈现不同的效果！

根据钩织的习惯和个人喜好，可以选择其中一种。

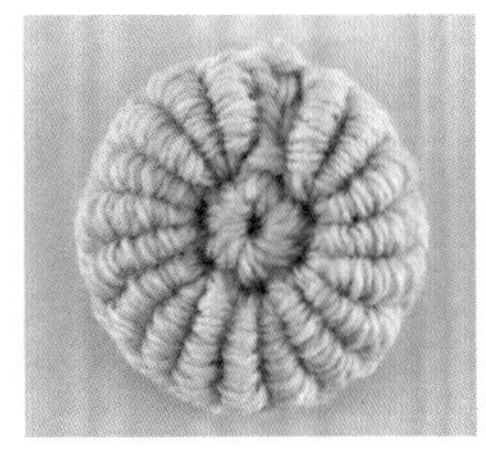

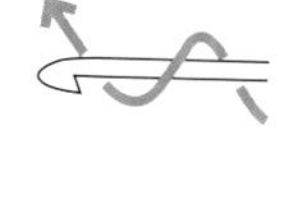

这是作品和步骤详解中的绕线方法。Bonny线的捻度放松后，针目呈现蓬松的效果。

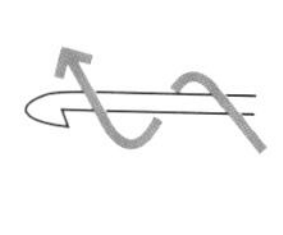

保持Bonny线的捻度，针目呈现紧实的效果。可以有效避免引拔时的劈线现象。

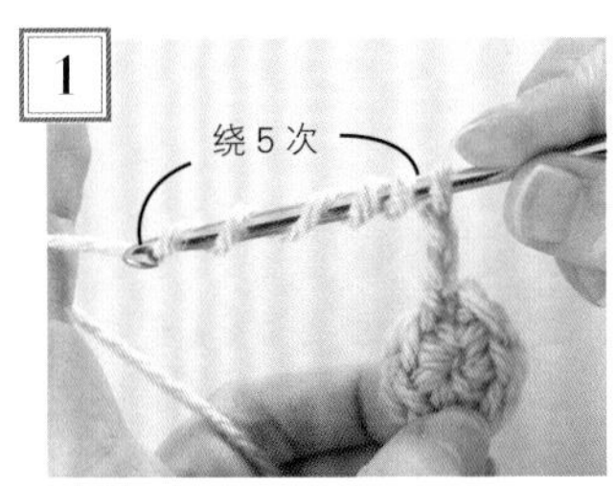

钩3针锁针的立针，按指定次数（此处为5次）在钩针上绕线。

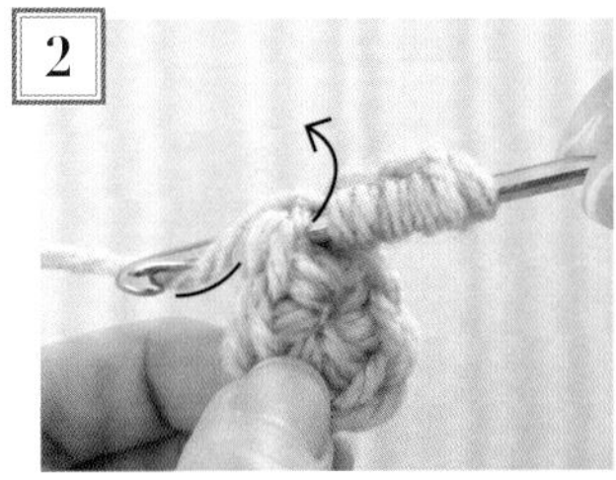

在前一行的针目里插入钩针，将线拉出。

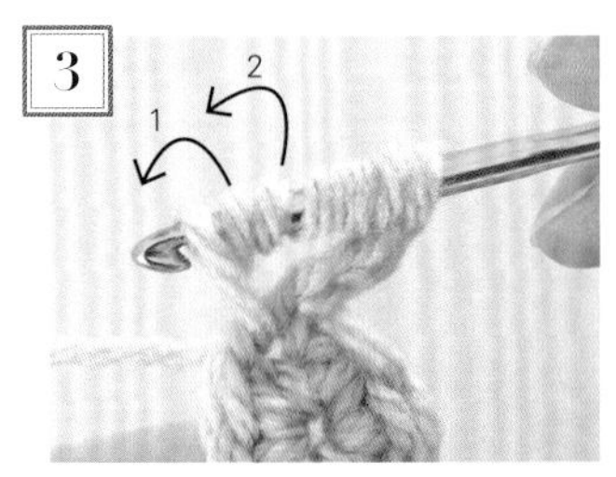

用手指帮忙将所绕的线圈从针头一侧一针一针依次覆盖在步骤2中拉出的线圈上。

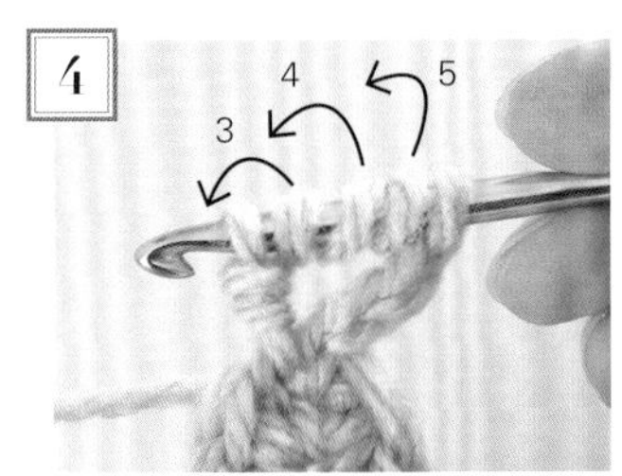

引拔穿过2圈绕线完成。继续按顺序依次覆盖线圈。

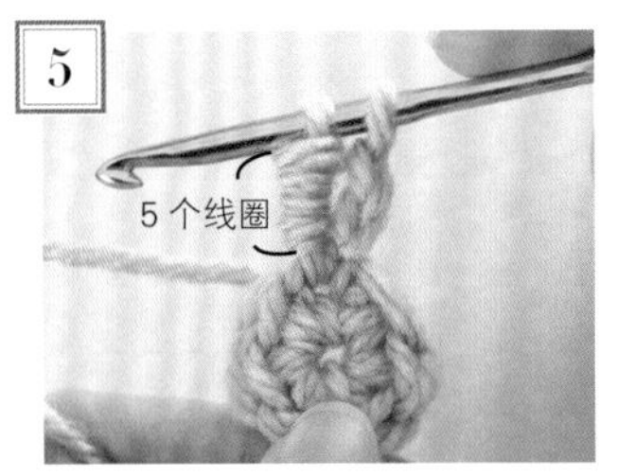

引拔穿过步骤1中绕的所有线圈，完成。

3 针绕 5 次的卷针

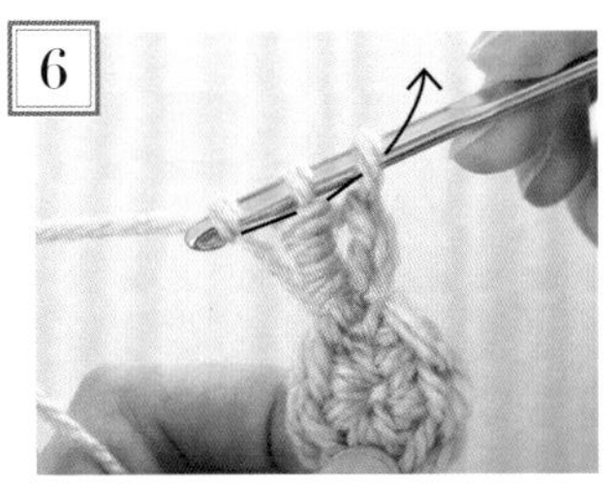

再次挂线，引拔穿过钩针上的2个线圈。

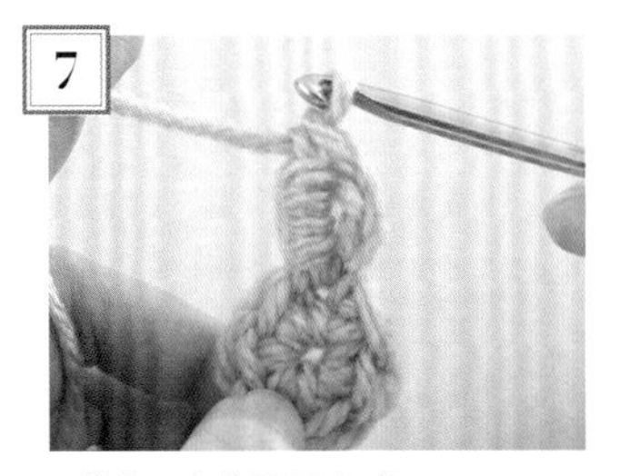

1针绕5次的卷针完成。

重复步骤1~7。钩织时注意针目的高度要保持一致。

斜短针

反短针的应用变化。"短针"针目呈现倾斜状态。

1

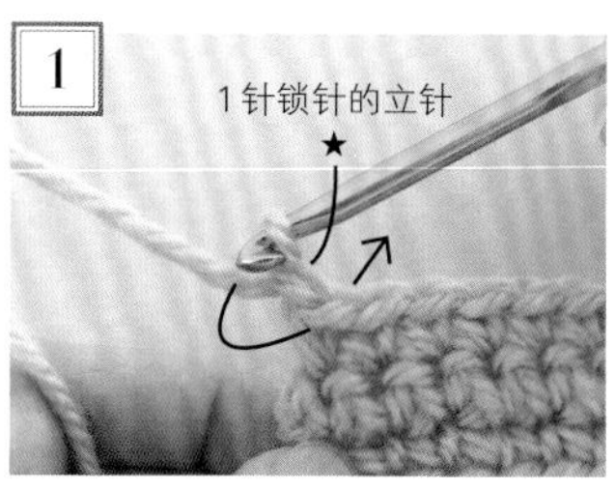

钩1针锁针的立针，从左向右，插入钩针往回钩织。

2

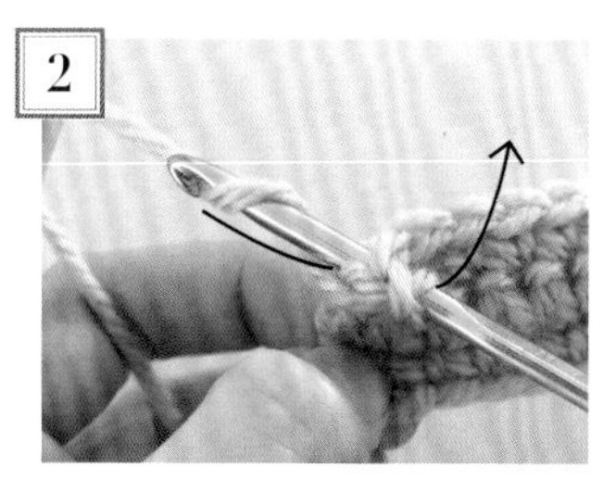

钩针挂线，如箭头所示引拔。

3

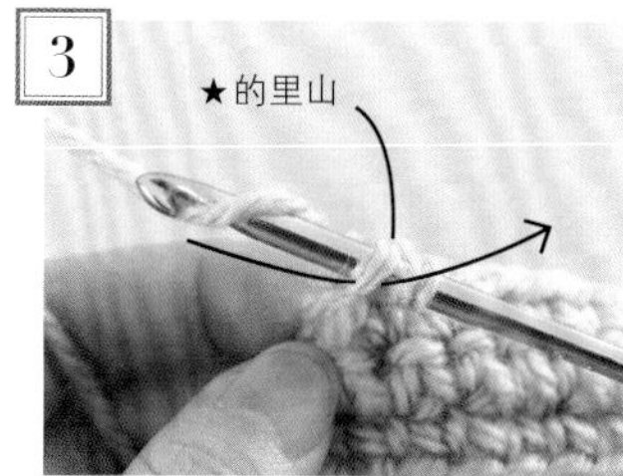

在锁针的立针的里山插入钩针，将线拉出。

4

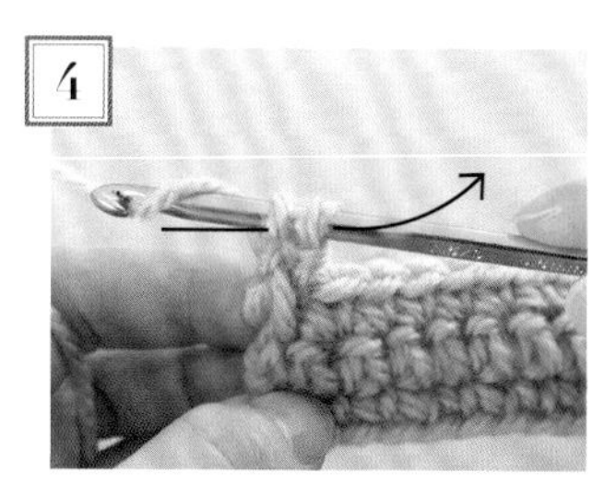

再次挂线，一次引拔穿过钩针上的2个线圈。

5

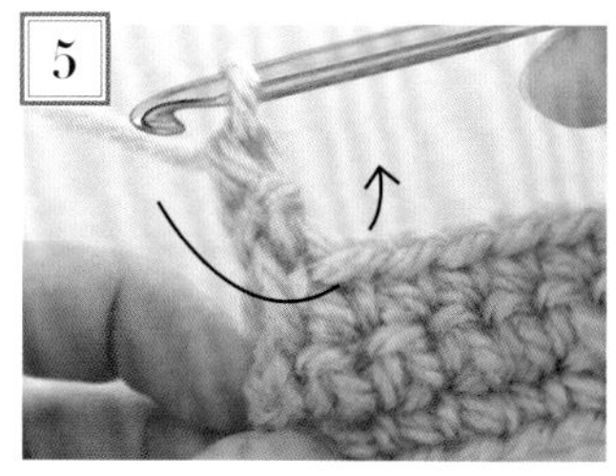

1针斜短针完成。第2针在右边1针里插入钩针，就像往回钩织一样，挂线后引拔。

6

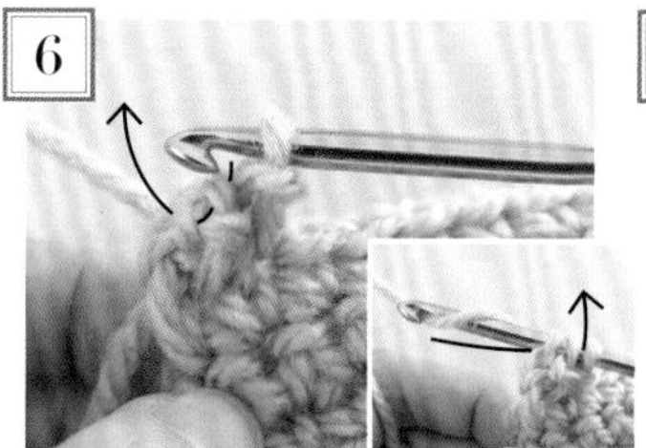

如箭头所示，在针目上方形成的2根线里插入钩针，挂线后拉出。

7

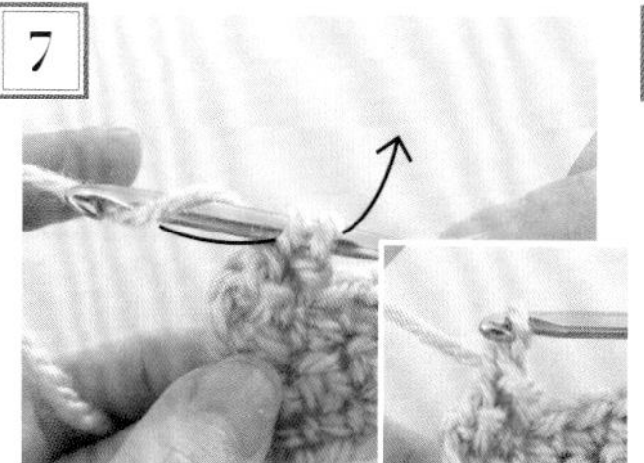

再次挂线，引拔穿过钩针上的2个线圈。第2针完成。

8

重复步骤5~7，注意步骤6"在针目上方形成的2根线里插入钩针"的要领。

拉针（4行）

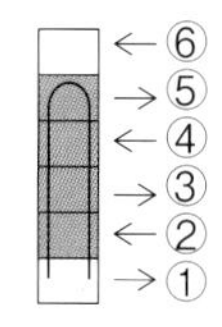

第1行：编织
第2~5行：不织，直接将针目移至右棒针上，将线拉上来
第6行：编织

1

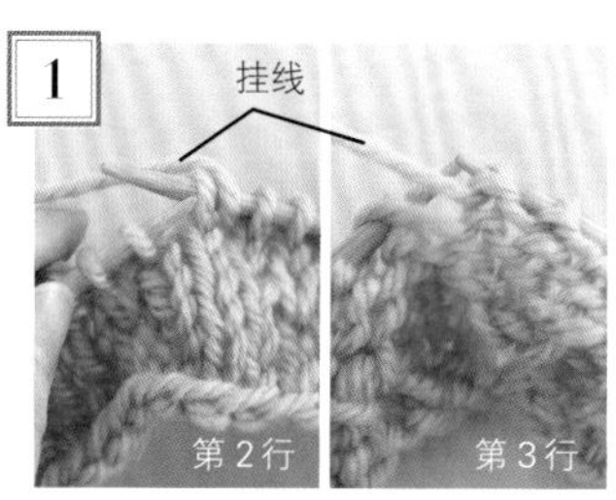

在第2行将线从前往后挂在针上，不织，直接将针目移至右棒针上。在第3行将前一行的挂针和移过去的针目一起移至右棒针上，挂线后编织下一个针目。

2

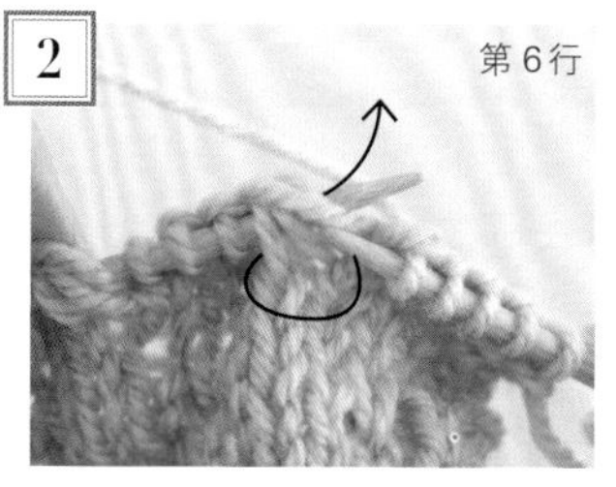

第4、5行也按步骤1相同的要领编织。第6行在不织移过去的针目和挂线里一起插入棒针，织下针。

3

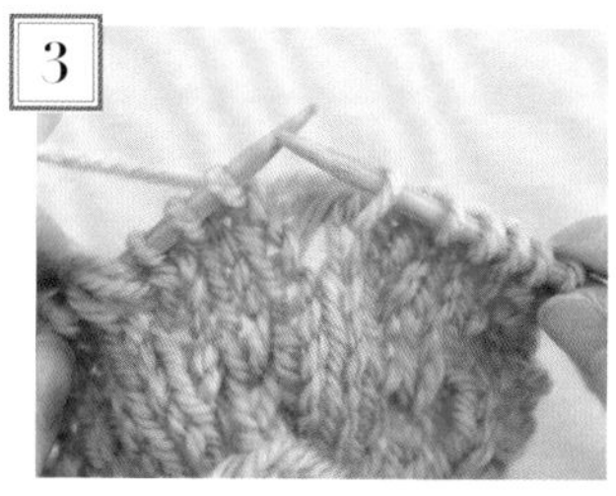

4行的拉针完成。简单的条纹配色设计也呈现出提花的效果。

5针长针的爆米花针

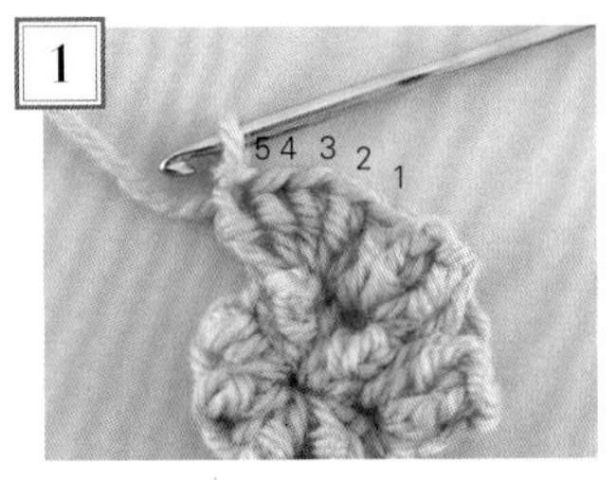

在前一行的1个针目里钩入5针长针，暂时从针目5取下钩针。

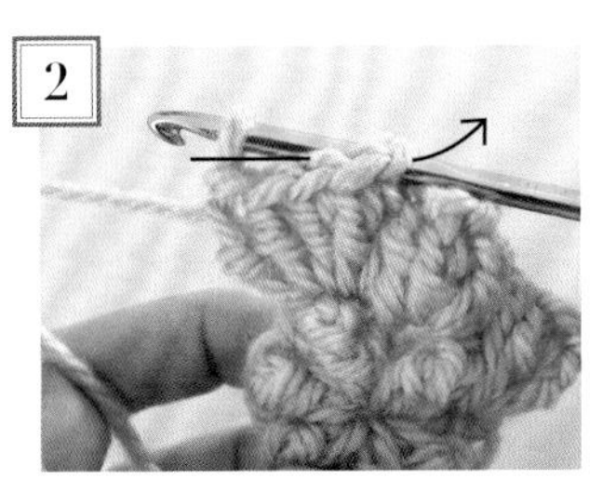

从针目1的前面插入钩针，将刚才取下钩针的针目拉出。

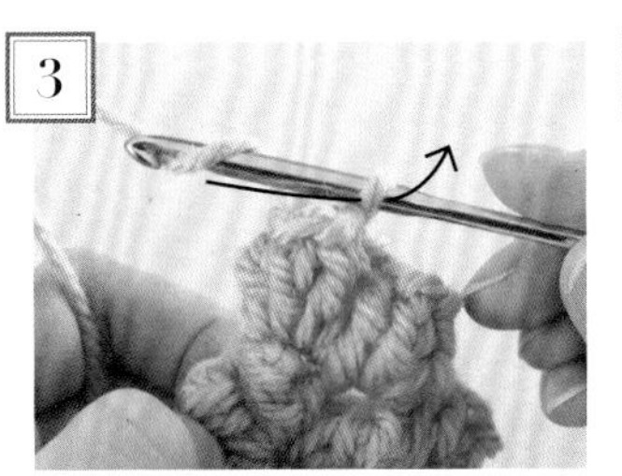

在钩针上挂线后拉出。

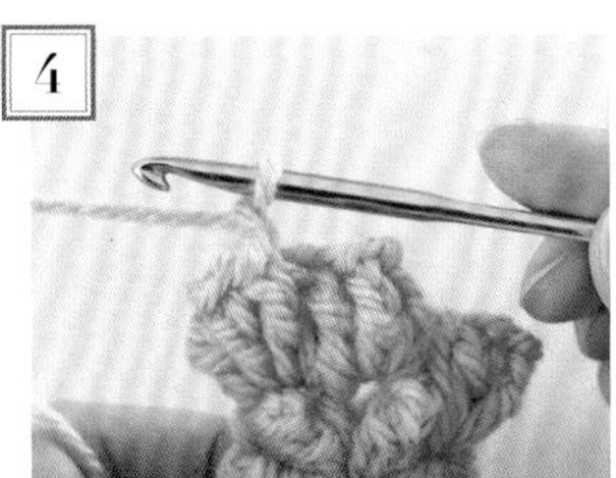

收紧针目。5针长针的爆米花针完成。

4针中长针的爆米花针

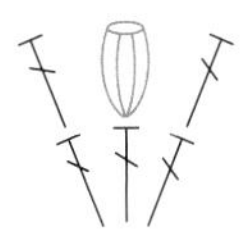

重复“用灰色（A色）线钩1针长针、用蓝色（B色）线钩1针爆米花针”

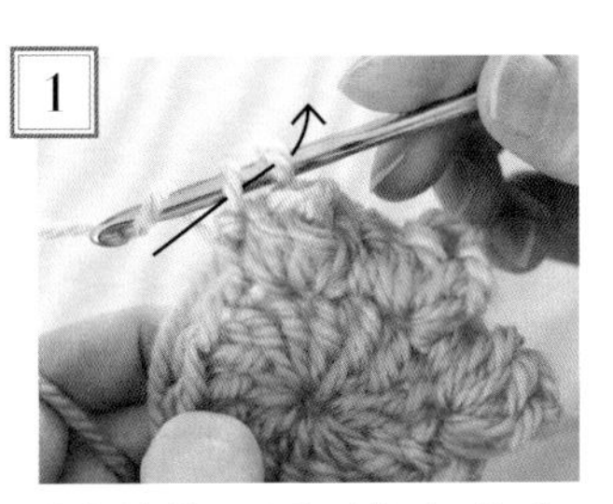

钩长针做最后的引拔时，换成B色线引拔。

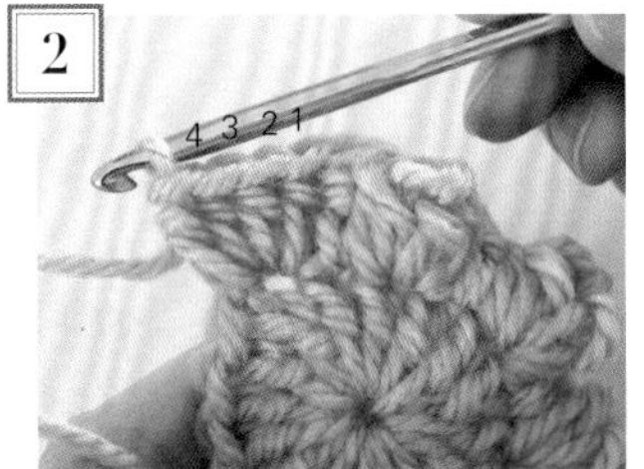

在前一行的1个针目里钩入4针中长针，暂时从针目4取下钩针。

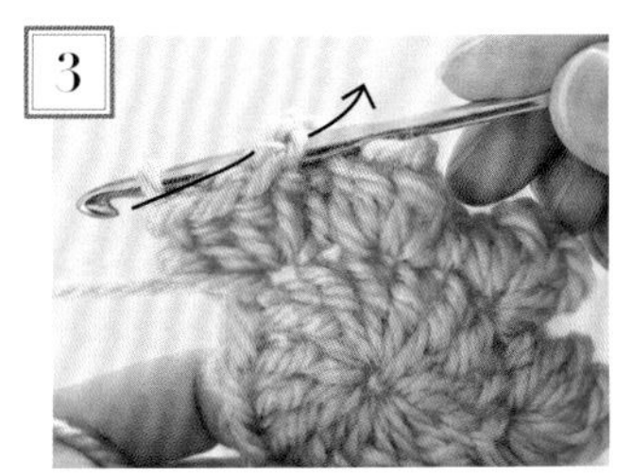

从针目1的前面插入钩针，将刚才取下钩针的针目拉出。

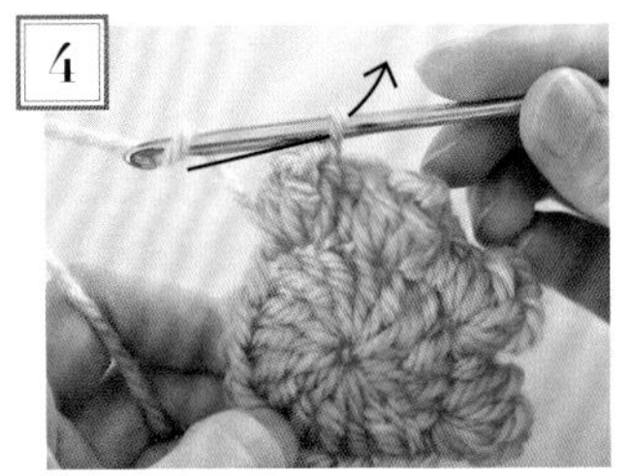

换成A色线拉出，收紧针目。

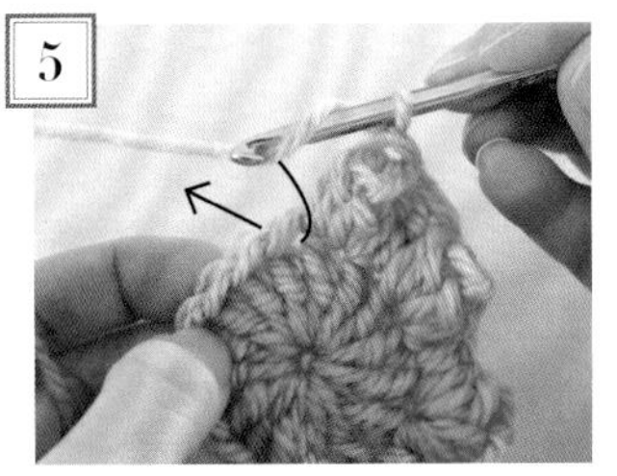

4针中长针的爆米花针完成。挂线后钩长针。

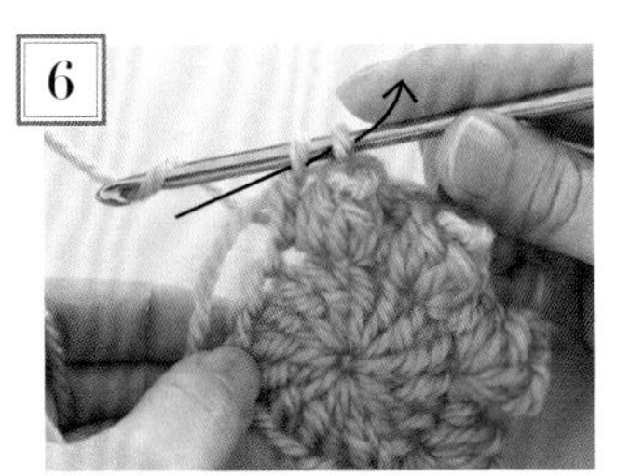

钩长针做最后的引拔时，换成B色线引拔。

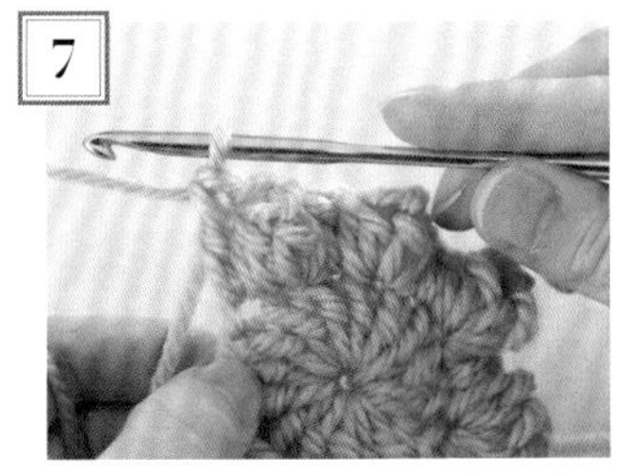

钩长针做最后的引拔形成的针目是下个针目的头部。配色花样在做最后的引拔时进行换色。

technical guide 钩针、棒针编织符号和编织方法

钩针

▶锁针

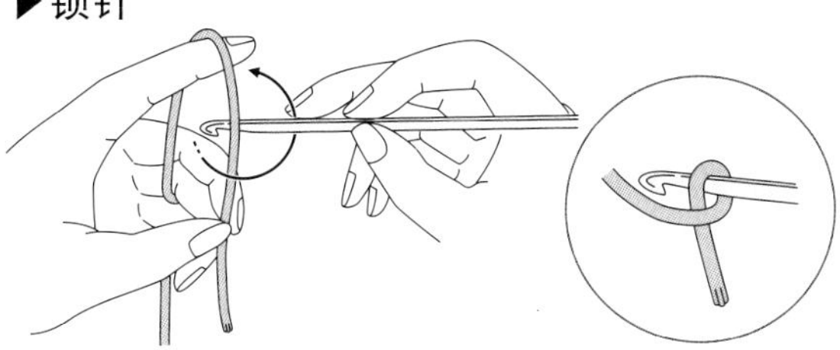

1 将钩针放在线的后面，如箭头所示转动钩针，将线绕在针头上。

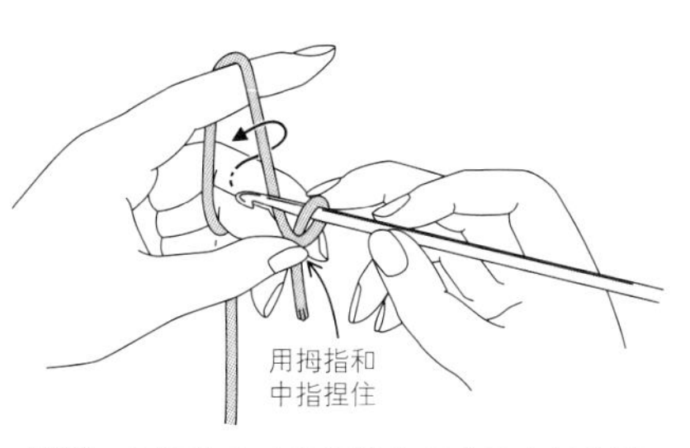

2 用拇指和中指捏住线的交叉点制作线环，在针头上挂线。

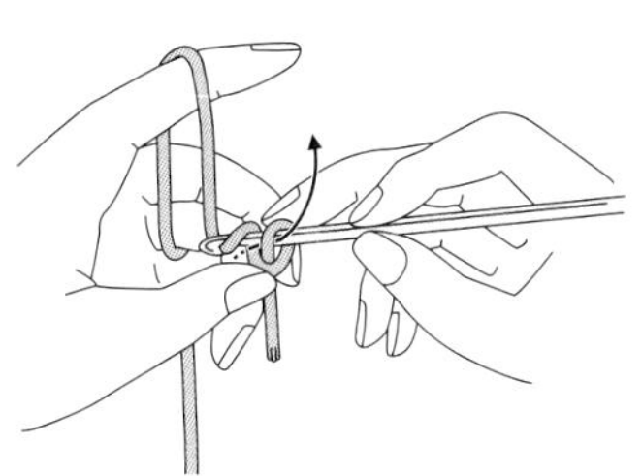

3 从线环中拉出挂线的钩针。

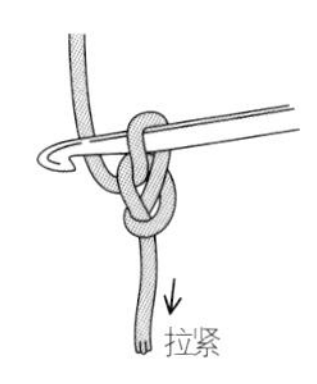

4 拉线头，收紧线环。锁针最初的针目完成，此针不计入针数中。

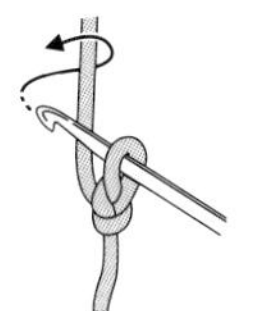

5 钩针如箭头所示，钩针挂线。

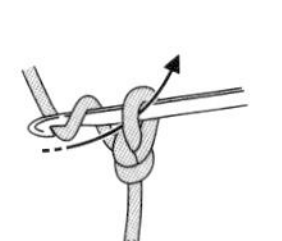

6 从线圈中拉出挂线的钩针。

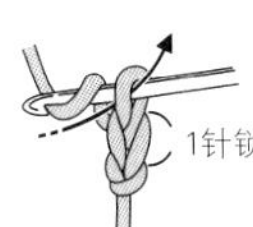

7 1针锁针完成。重复步骤5、6，钩织所需针数的锁针。

▶锁针起针和挑针方法

正面

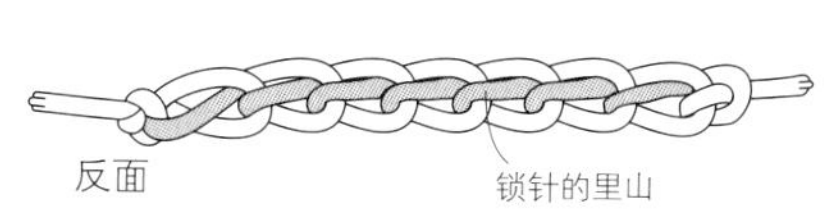

反面

锁针有正面和反面之分。

从锁针的里山挑针

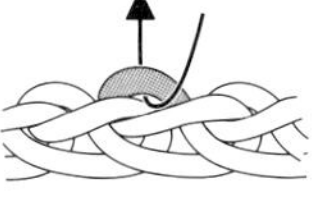

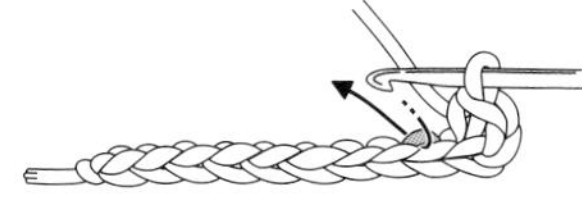

这是锁针一般的挑针方法。挑针后，锁针正面的针目会保留下来，非常平整。如果没有特别指示，就用这种方法进行挑针。

从锁针的半针和里山挑针

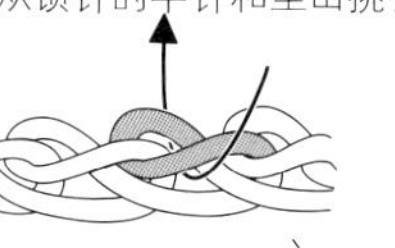

这种方法从锁针的2根线里挑针，挑取的针目比较紧密和端正。适合钩织镂空花样和用细线钩织时使用。

从锁针的半针挑针

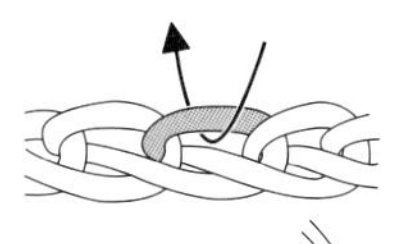

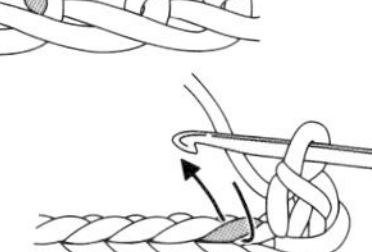

这种挑针方法容易拉伸，针目也不稳定。适合想要起针有伸缩效果，或者要在起针的两侧挑针时使用。

▶钩锁针起针，连接成环形

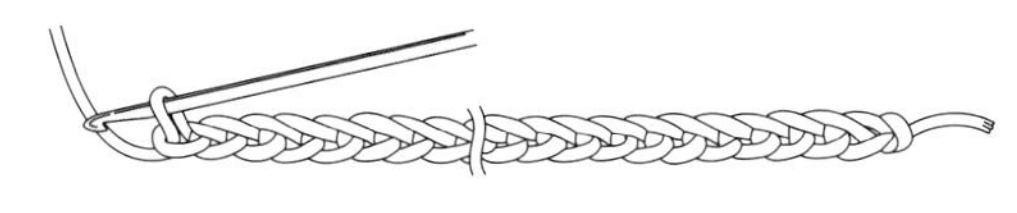

1 钩织所需针数的锁针。

2 将钩针插入第1针锁针的里山，注意不要扭转针目。将线引拔出，锁针针目即连接成环形。

▶手指挂线环形起针

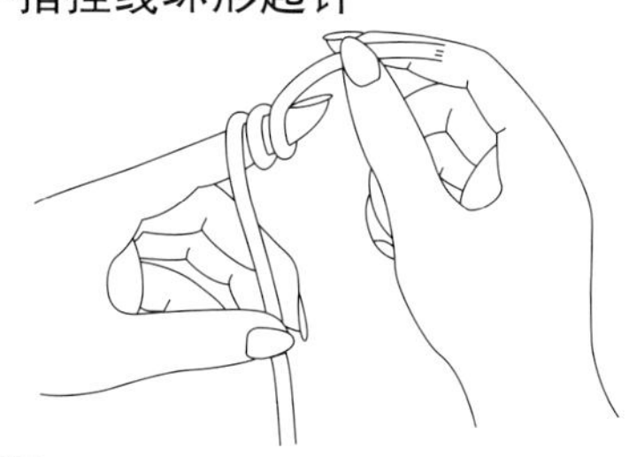

1 将线头在食指上绕2圈。

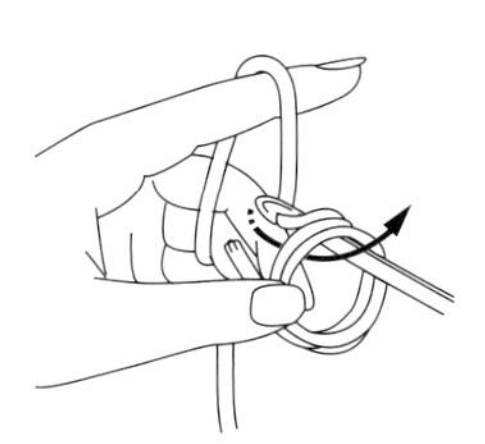

2 捏住交叉点，注意不要让线环散开。在线环中插入钩针，将线拉出。

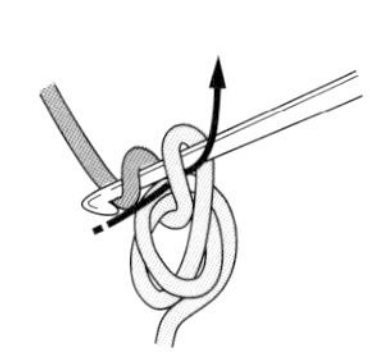

3 再次钩针挂线，引拔。

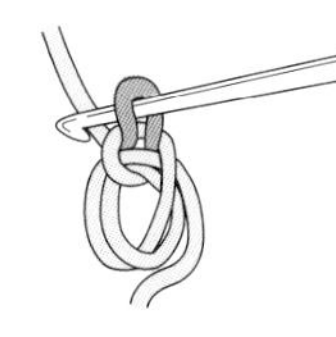

4 环形起针最初的针目完成。这一针不计入针数中。

▶钩锁针和短针接合

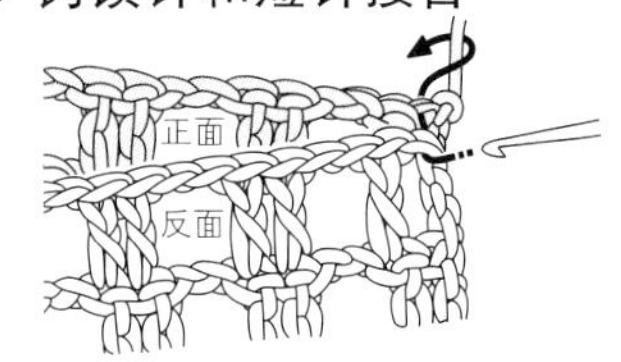

1 将织片正面朝内对齐，在2个织片里一起插入钩针，挂线后将线拉出。

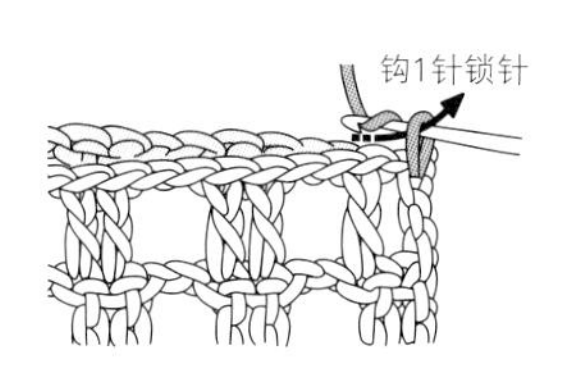

2 钩短针前钩1针锁针的立针。

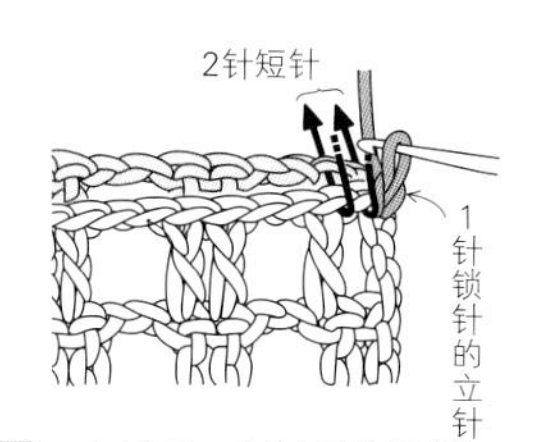

3 在最后一行针目的头部插入钩针，钩短针。

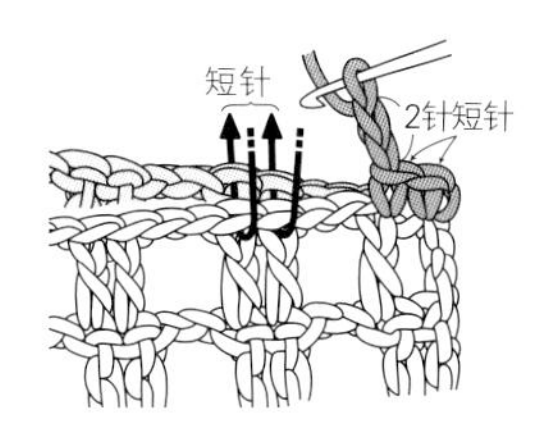

4 结合织片的针目，钩锁针跳过针目，钩短针进行连接。

▶（针目与针目的）卷针缝合

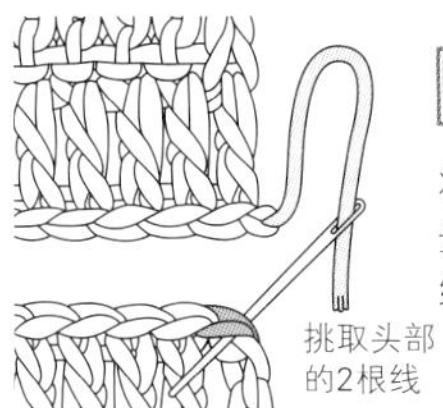

1 将织片的正面对齐，在最后一行的针目里插入缝针。

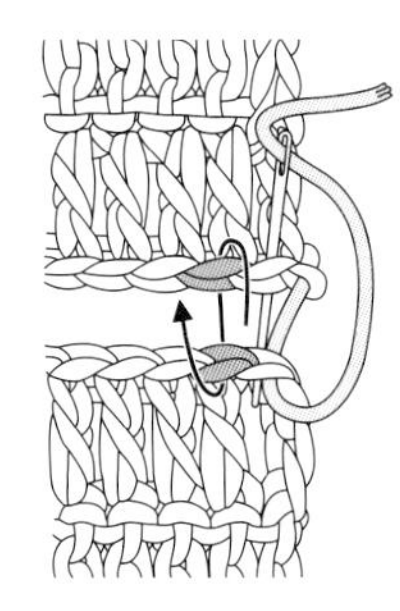

2 在2个织片里交替插入缝针，拉线。

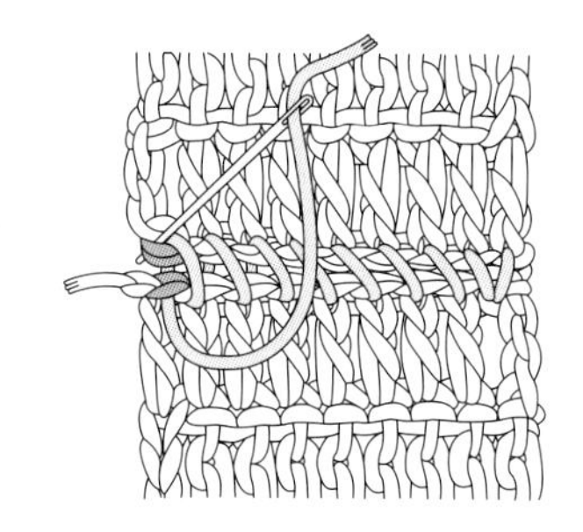

3 因为缝线也会在正面露出针脚，所以拉线时注意保持匀称。

▶引拔接合

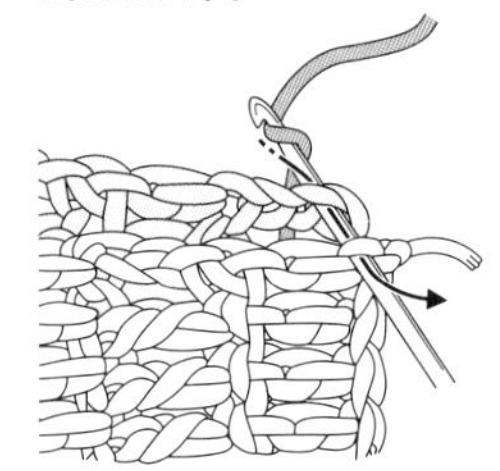

1 将织片正面朝内对齐，在2个织片里一起插入钩针，挂线后拉出。

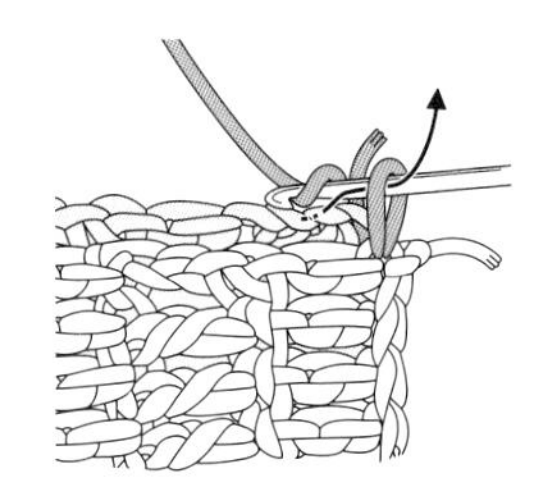

2 挂线后引拔。

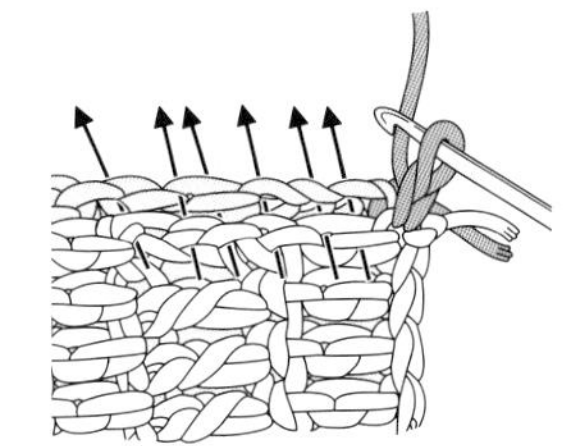

3 在边上第1个针目里插入钩针（将针目分隔开），钩引拔针。在箭头所示位置插入钩针。

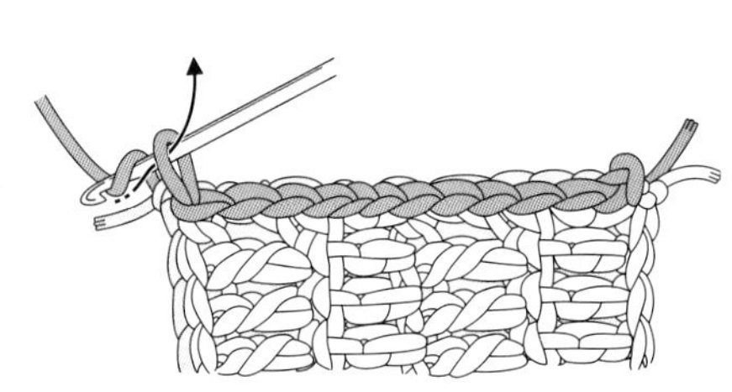

4 结合织片的针目，引拔时要保持一定的松紧度。

▶钩引拔针和锁针接合

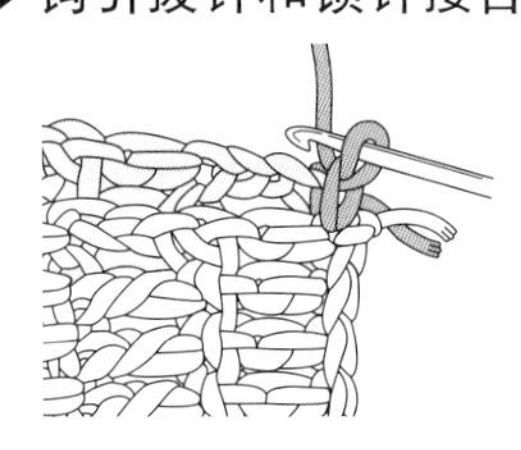

1 将织片正面朝内对齐，在2个织片起针的锁针针目里插入钩针，接线，引拔。

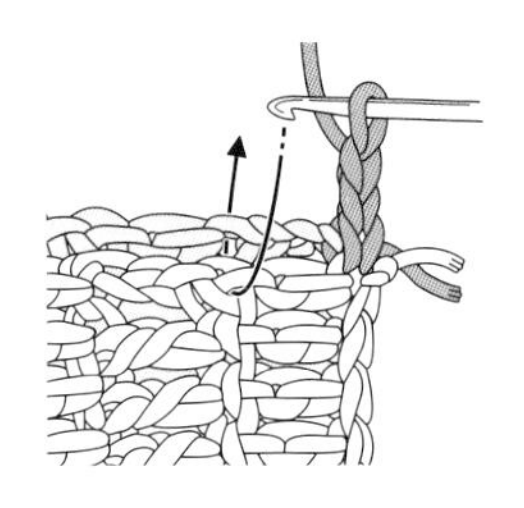

2 钩锁针至下个针目的头部对应的高度。

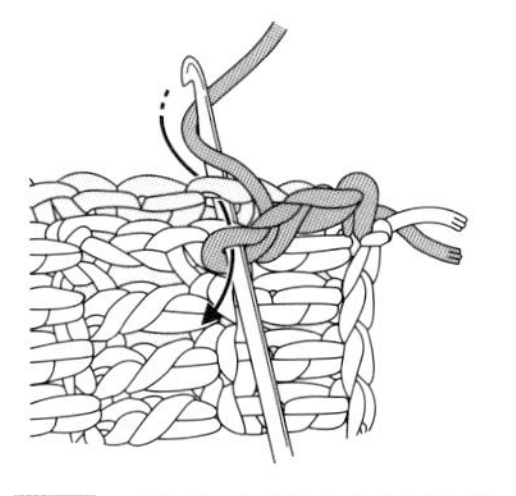

3 在边上第1个针目的头部插入钩针，钩引拔针。

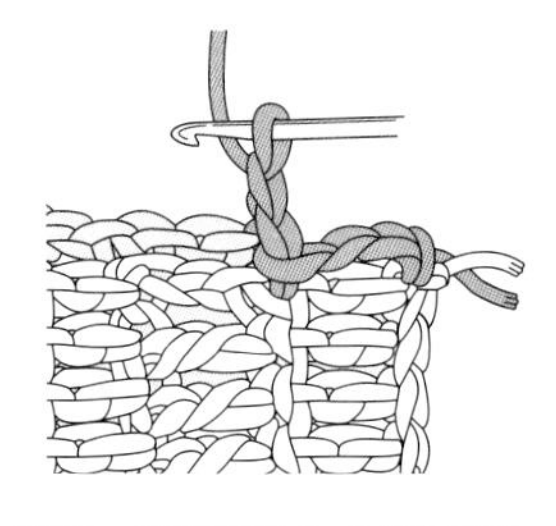

4 重复步骤2、3继续接合。

▶（行与行的）卷针缝合

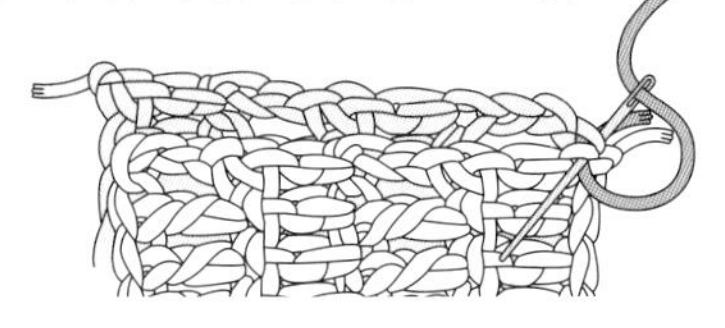

1 将2个织片正面朝内对齐，在起针的锁针针目里插入缝针。

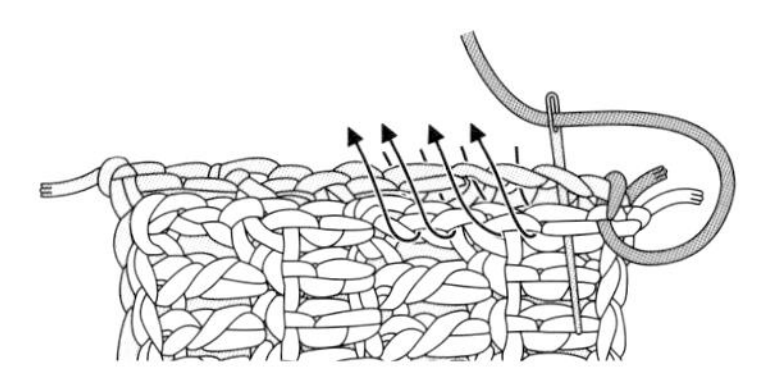

2 总是从相同的方向在边上第1个针目里插入缝针（将针目分隔开），用缝线做卷针缝合。

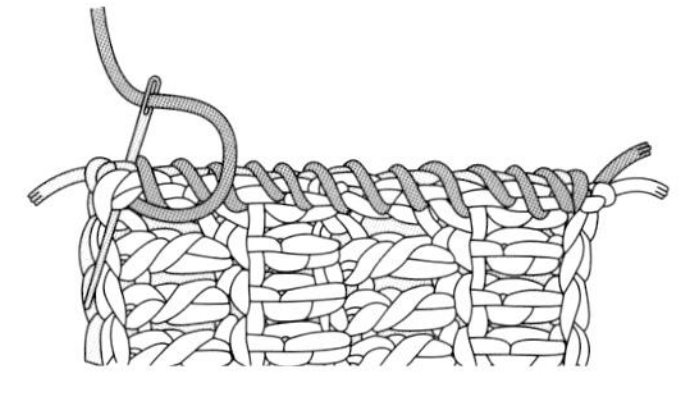

3 缝合结束时，在同一个地方穿针1~2次，在织片的反面处理好线头。

引拔针

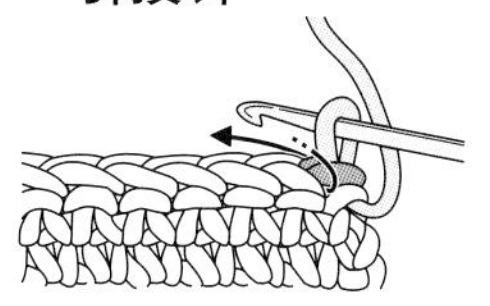

1 在前一行针目的头部插入钩针。

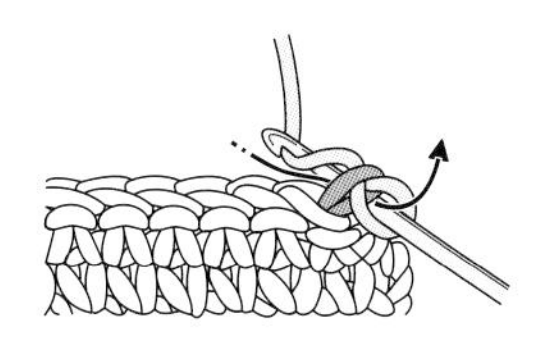

2 钩针挂线，如箭头所示将线引拔出。

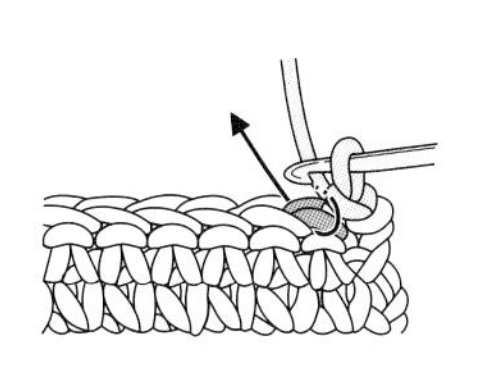

3 在下个针目里插入钩针，将线引拔出。

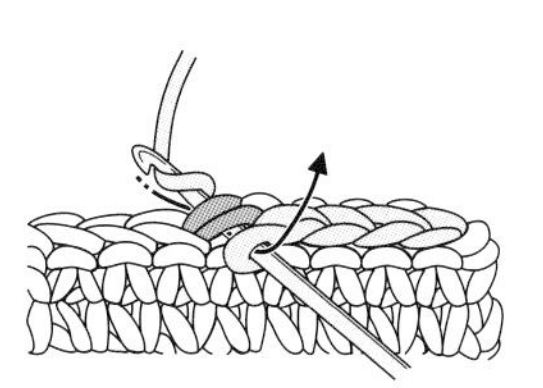

4 重复步骤3。

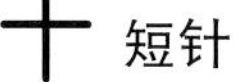

短针

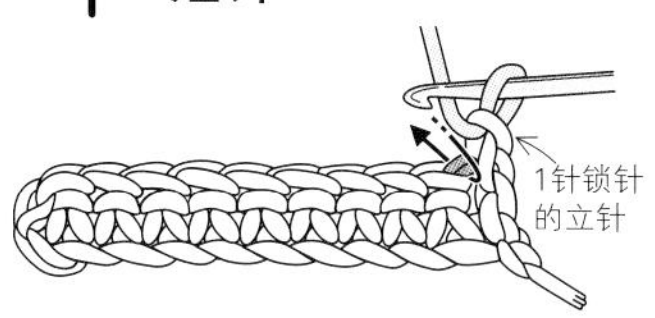

1 在前一行针目的头部插入钩针。

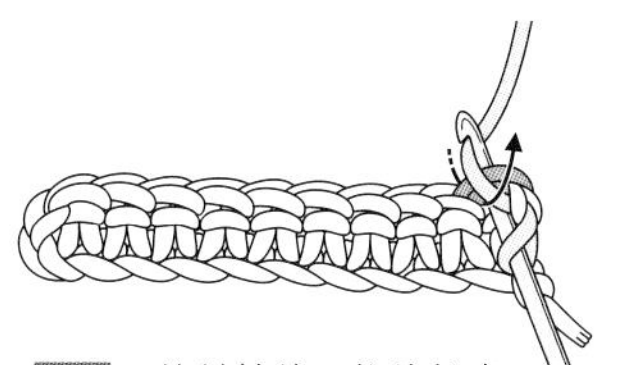

2 钩针挂线，将线拉出。

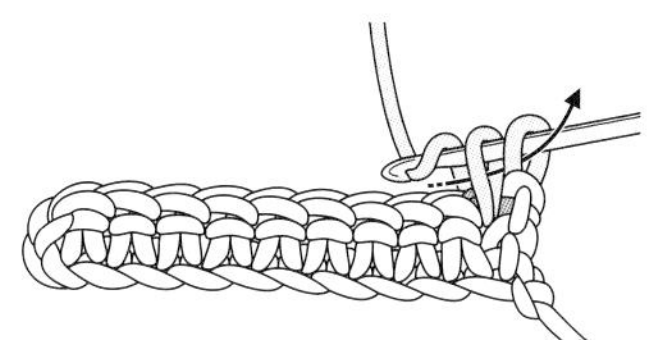

3 针头挂线，一次引拔穿过钩针上的2个线圈。

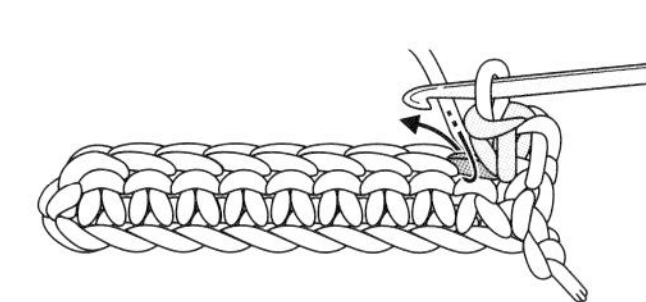

4 1针短针完成。重复步骤1~3。

中长针

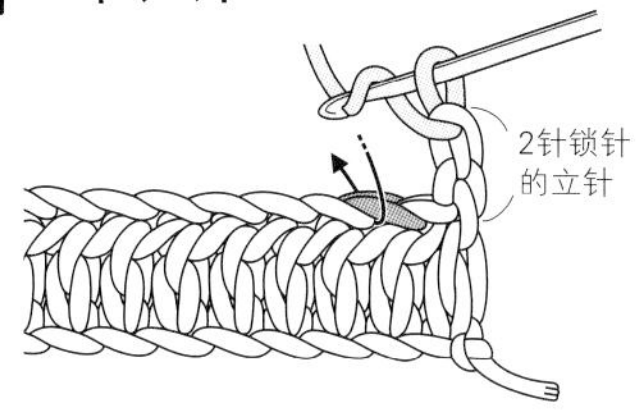

1 钩针挂线，在前一行针目的头部插入钩针。

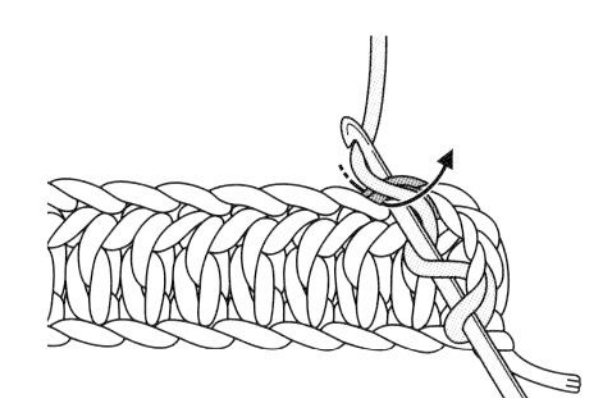

2 钩针挂线，如箭头所示将线拉出。

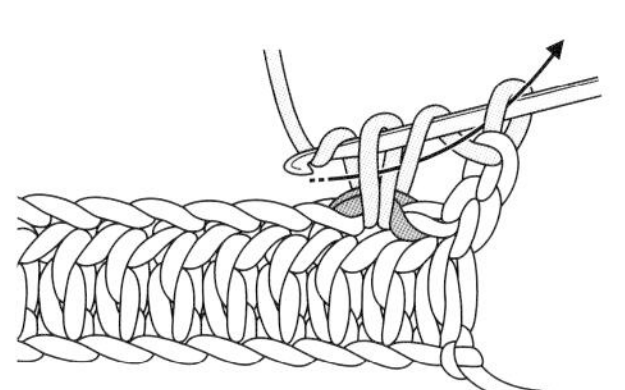

3 针头挂线，一次引拔穿过钩针上的3个线圈。

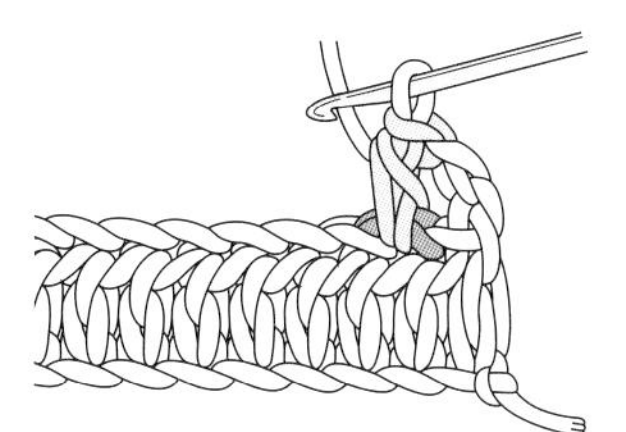

4 1针中长针完成。重复步骤1~3。

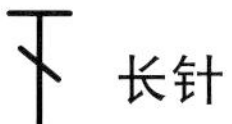

长针

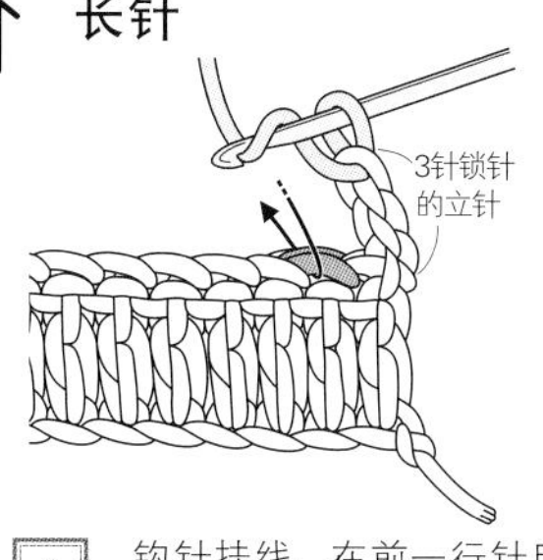

1 钩针挂线，在前一行针目的头部插入钩针。

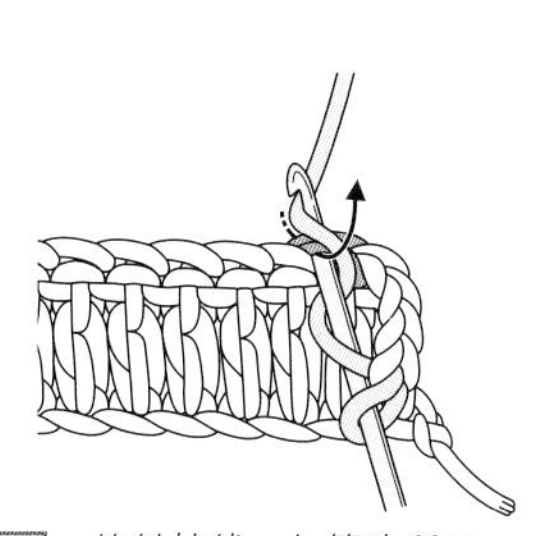

2 钩针挂线，如箭头所示将线拉出。

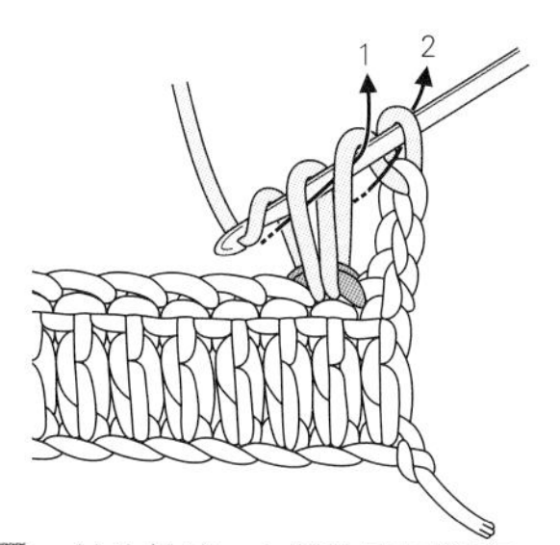

3 针头挂线，如箭头所示顺序依次引拔穿过钩针上的2个线圈。

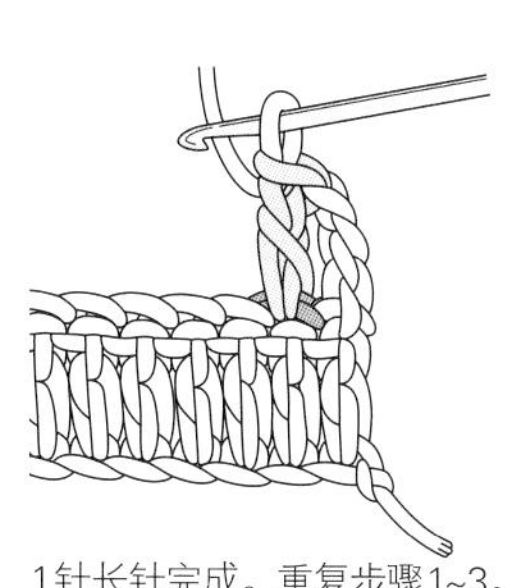

4 1针长针完成。重复步骤1~3。

长长针

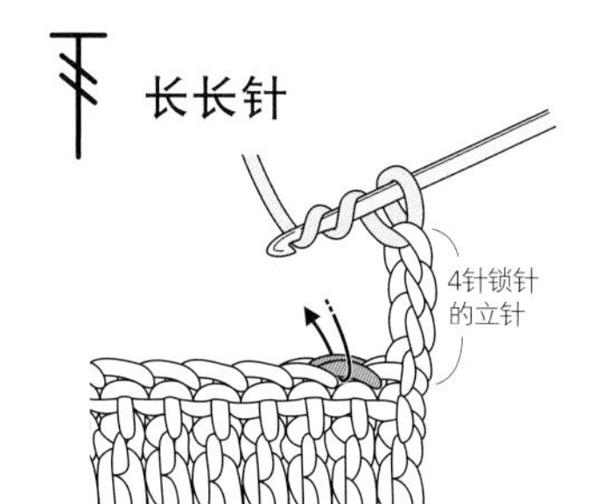

1 在钩针上绕2次线，在前一行针目的头部插入钩针。

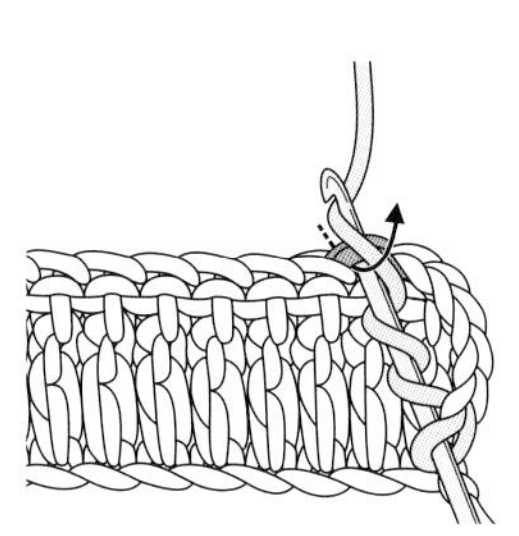

2 钩针挂线，如箭头所示将线拉出。

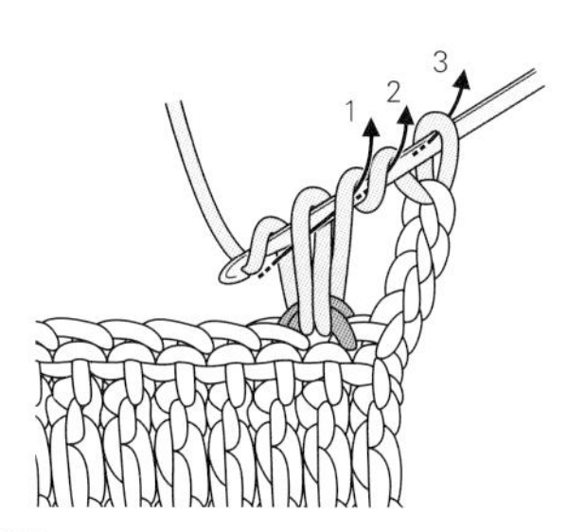

3 针头挂线，如箭头所示顺序依次引拔穿过钩针上的2个线圈。

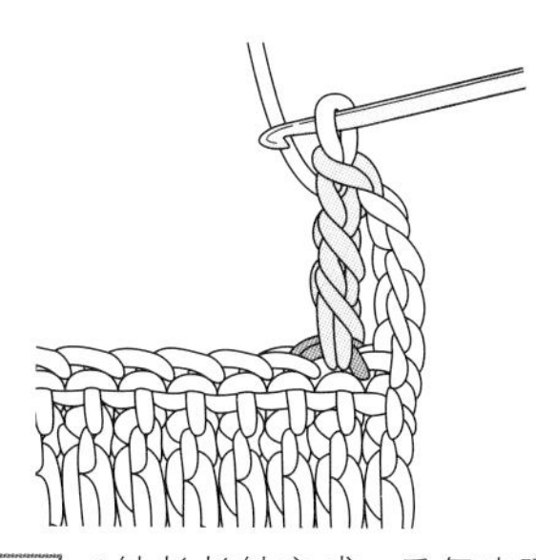

4 1针长长针完成。重复步骤1~3。

3针锁针的狗牙拉针

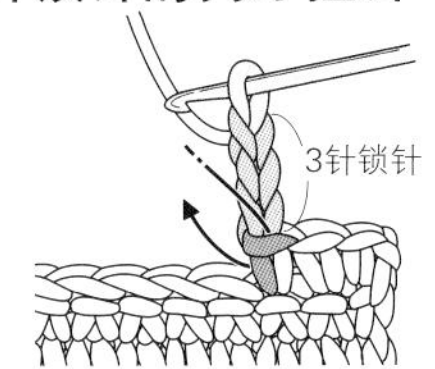

1 钩3针锁针，在前一行短针的前面半针和尾部1根线里插入钩针。

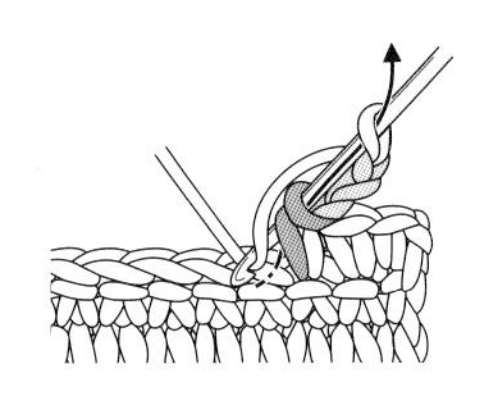

2 针头挂线，如箭头所示引拔出。

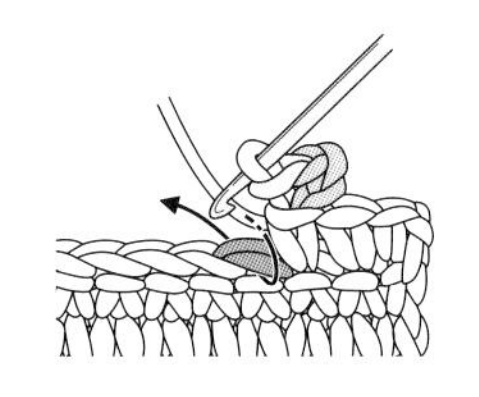

3 3针锁针的狗牙拉针完成。

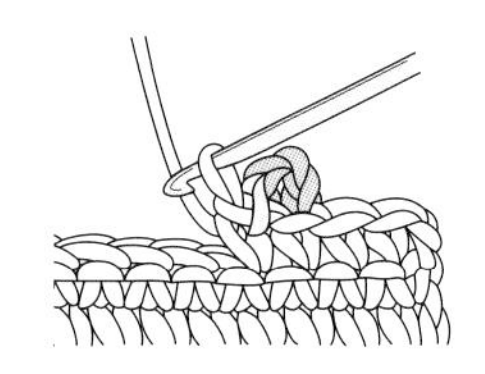

4 钩下个针目后，狗牙拉针即摆正位置。

短针的棱针（往返编织）

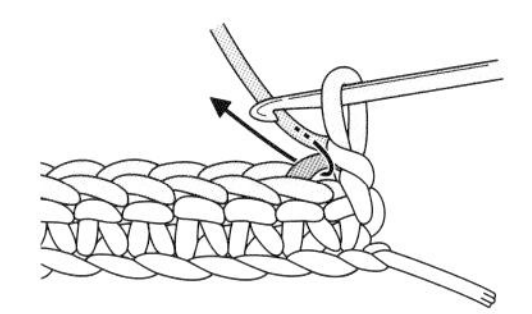

1 在前一行针目头部的后面1根线里插入钩针，将线拉出。

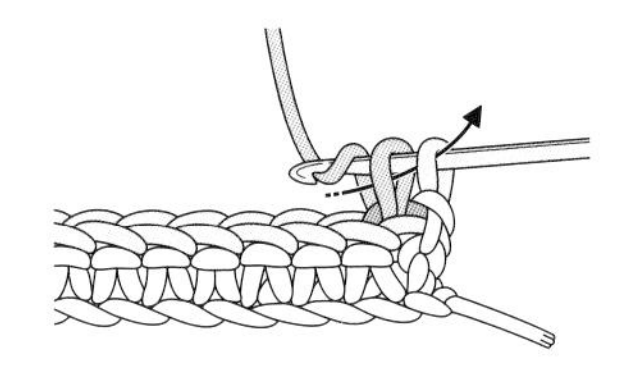

2 针头挂线，引拔穿过2个线圈，钩短针。

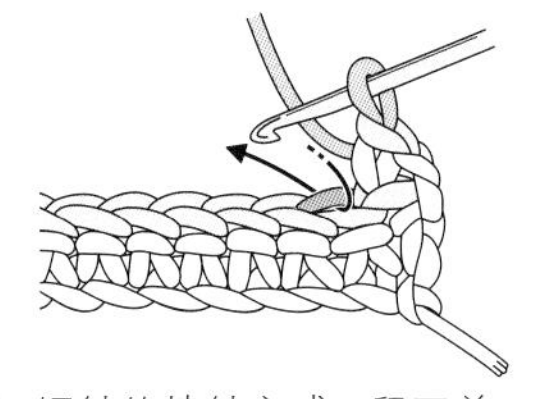

3 短针的棱针完成，留下前一行针目的前面1根线。

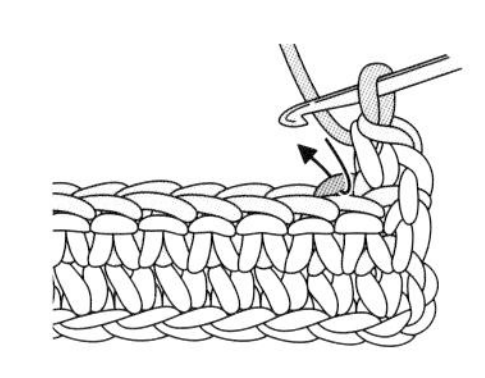

4 下一行也在前一行针目头部的后面1根线里插入钩针钩织。

短针的条纹针（环形编织）

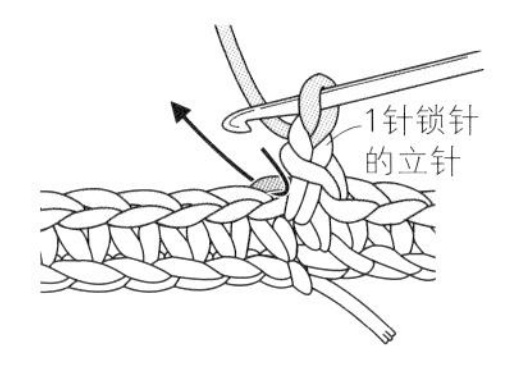

1 在前一行针目头部的后面1根线里插入钩针。

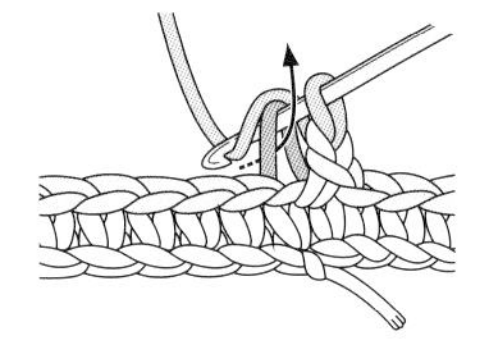

2 挂线，将线拉出，钩短针。

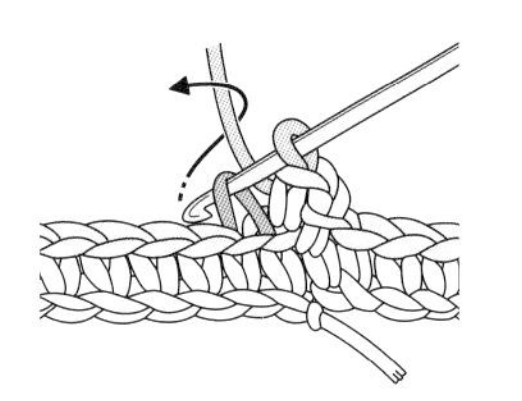

3 后面每一行都在前一行针目头部的后面1根线里插入钩针钩织。

长针的条纹针

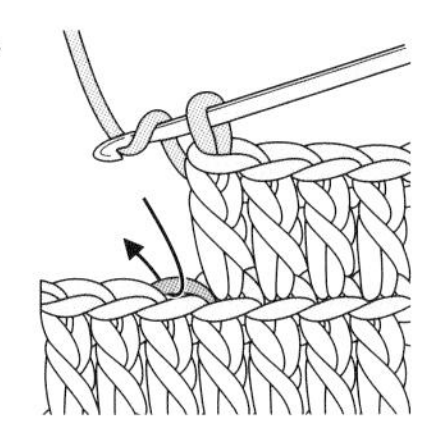

1 钩针挂线，在前一行针目头部的后面1根线里插入钩针，将线拉出。

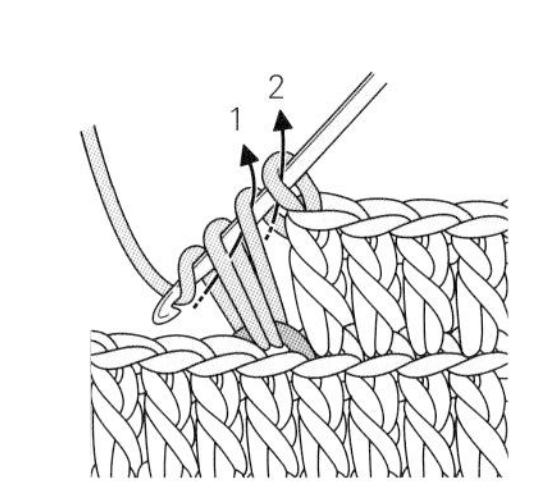

2 钩长针。继续在前一行针目头部的后面1根线里挑针钩织。

1针放2针短针

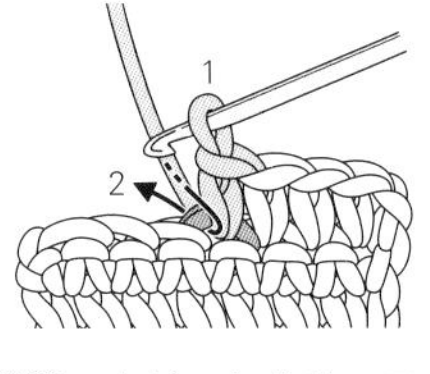

1 在前一行的针目里钩1针短针。再在同一个针目里插入钩针。

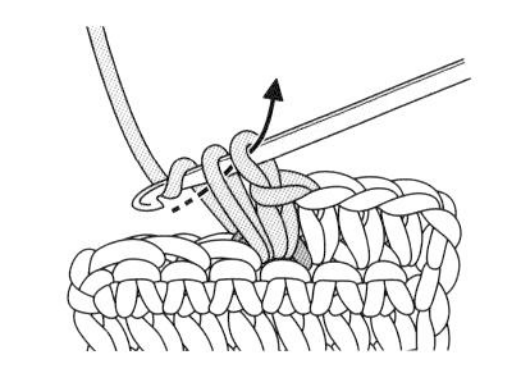

2 将线拉出，钩短针。

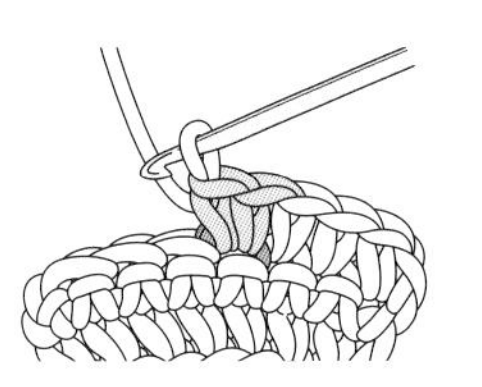

3 在前一行的1个针目里钩入了2针短针。

1针放3针短针

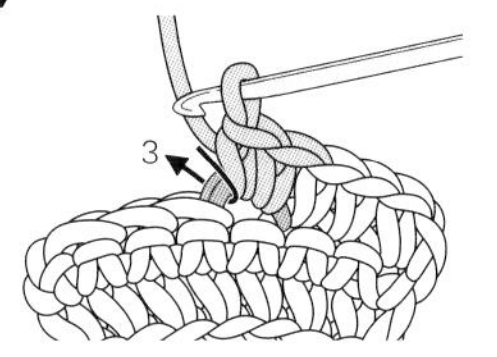

1 在前一行的针目里钩2针短针。再在同一个针目里插入钩针。

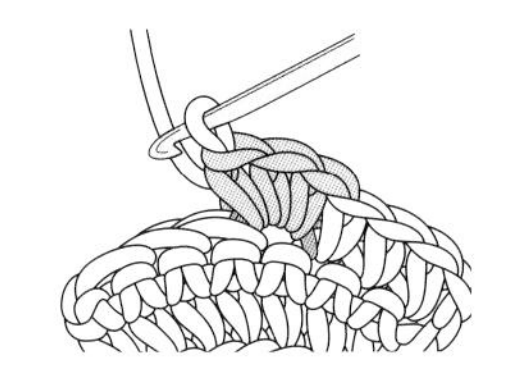

2 将线拉出，钩短针。在前一行的1个针目里钩入了3针短针。

1针放2针长针

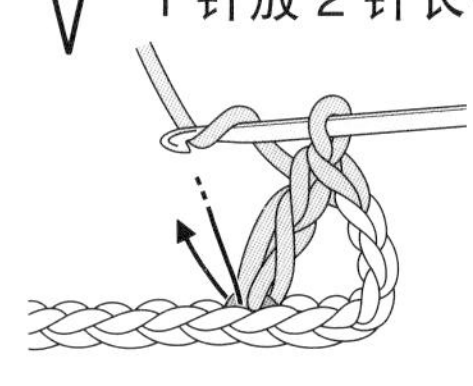

1 钩1针长针。钩针挂线，在与第1针相同的针目里插入钩针。

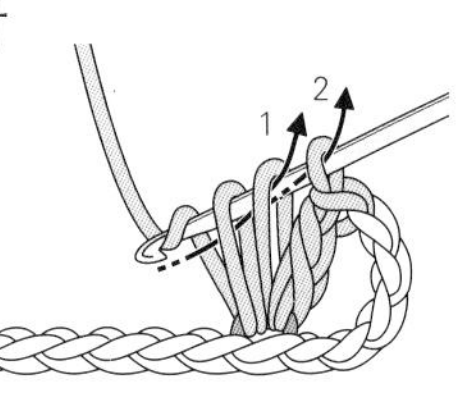

2 钩第2针长针。

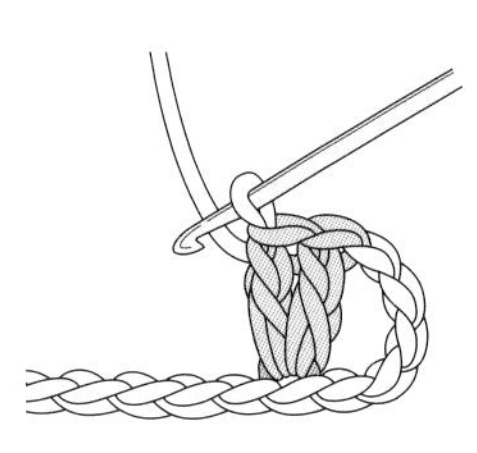

3 在1个针目里钩入了2针长针。

1针放3针长针

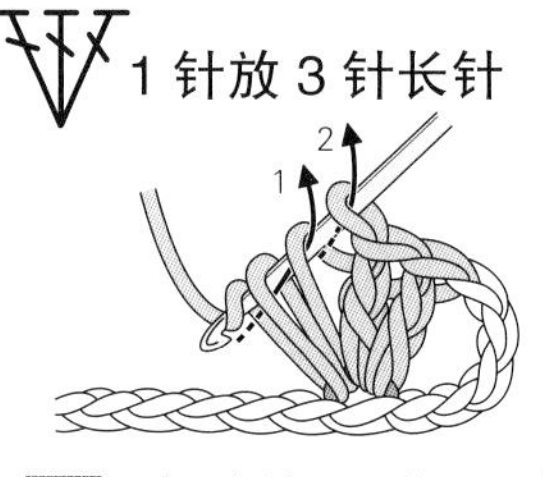

1 在1个针目里钩2针长针，再在同一个针目里钩第3针长针。

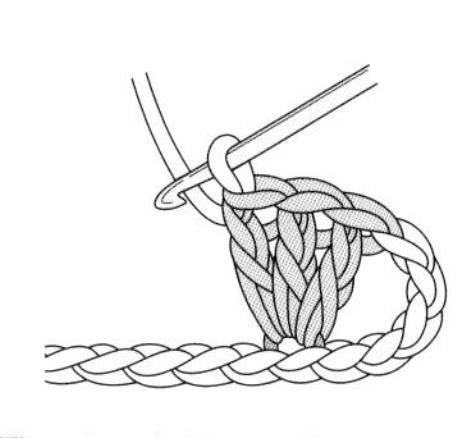

2 在1个针目里钩入了3针长针。

 短针2针并1针

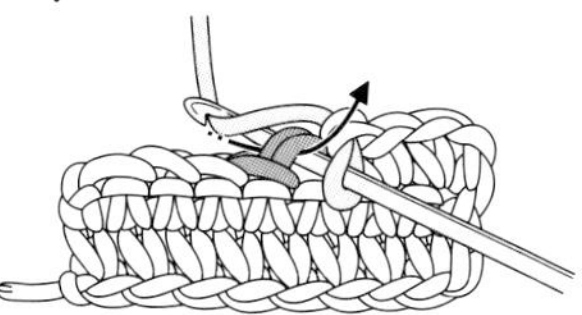

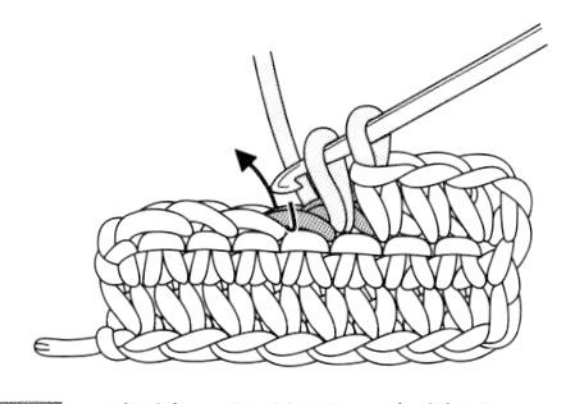

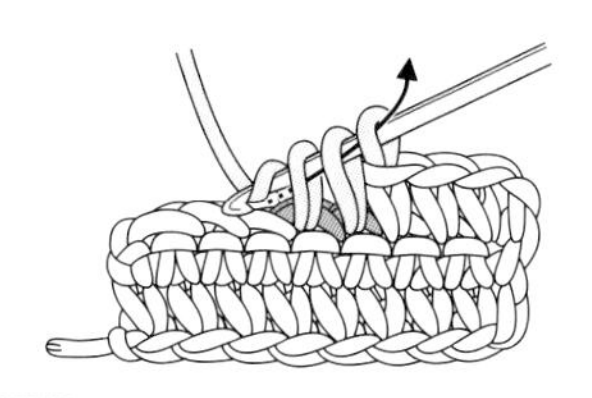

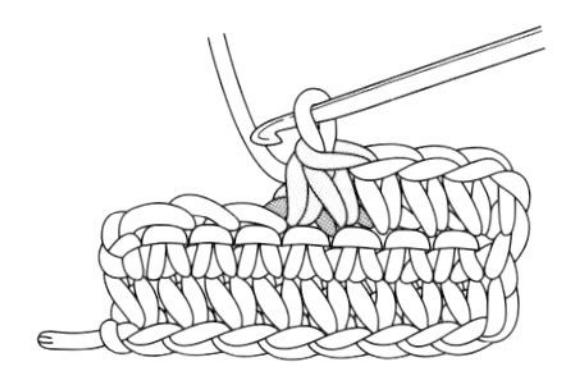

1 在前一行的针目里插入钩针，将线拉出(未完成的短针)。

2 在前一行的下一个针目里插入钩针，挂线拉出。

3 钩针挂线，一次引拔穿过钩针上的3个线圈。

4 短针2针并1针完成。

 长针2针并1针

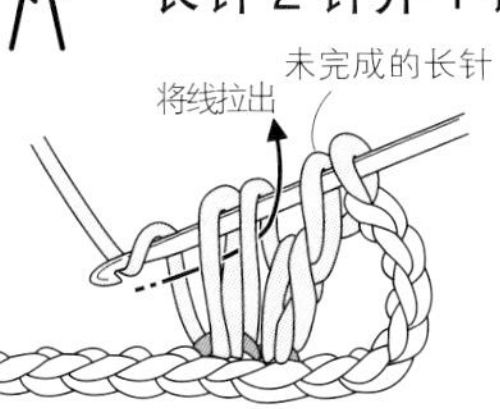

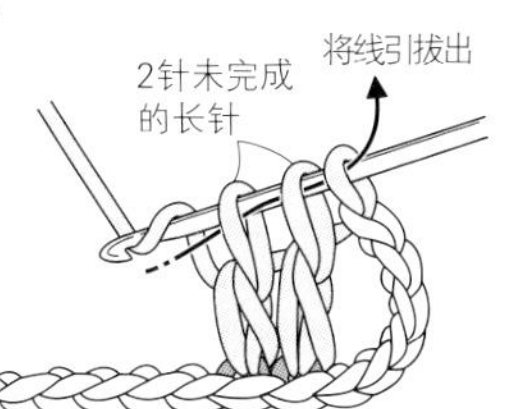

1 钩1针未完成的长针。钩针挂线，在下一个针目里插入钩针。

2 钩2针未完成的长针后，一次引拔穿过钩针上的3个线圈。

3 长针2针并1针完成。

 长针3针并1针

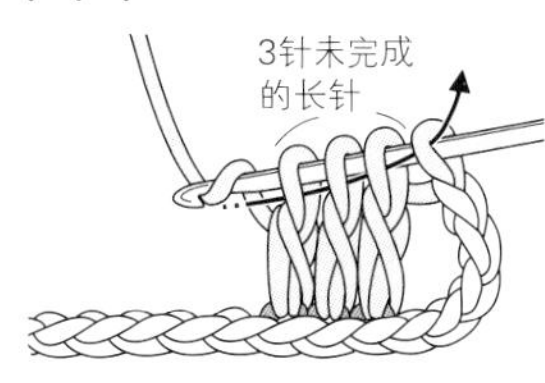

1 钩3针未完成的长针，一次引拔穿过钩针上的4个线圈。

2 长针3针并1针完成。

 短针的正拉针

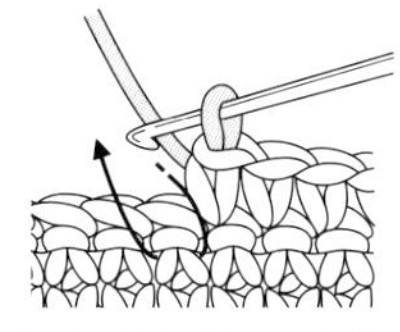

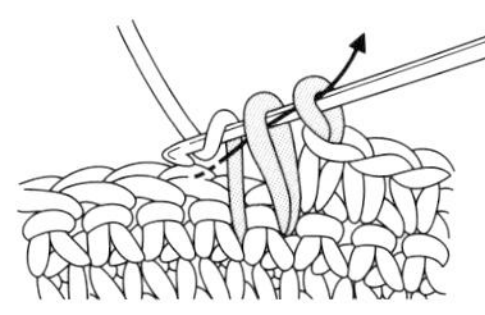

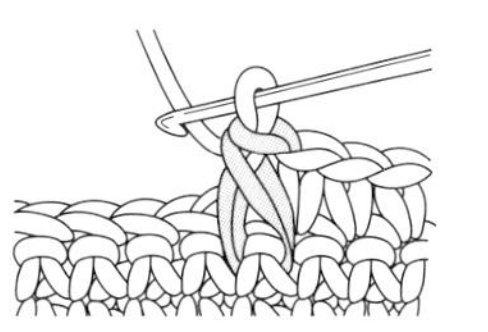

1 如箭头所示，从前面插入钩针，挑取前一行针目的整个尾部。

2 将线拉出，钩短针。

3 短针的正拉针完成。

 短针的反拉针

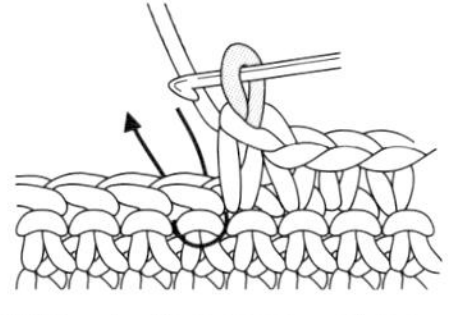

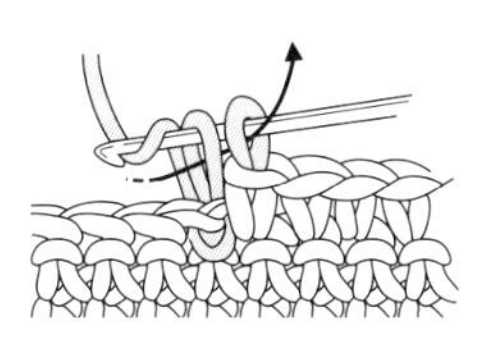

1 如箭头所示，从后面插入钩针，挑取前一行针目的整个尾部。

2 将线拉出，钩短针。

 3针中长针的枣形针（整段挑针）

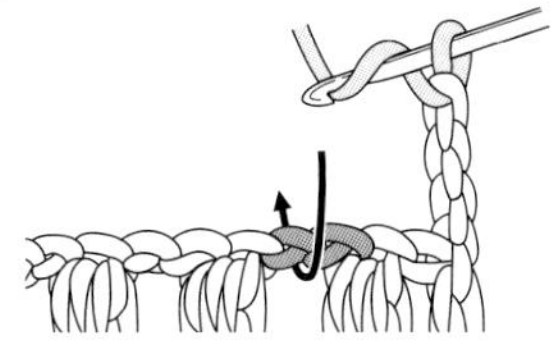

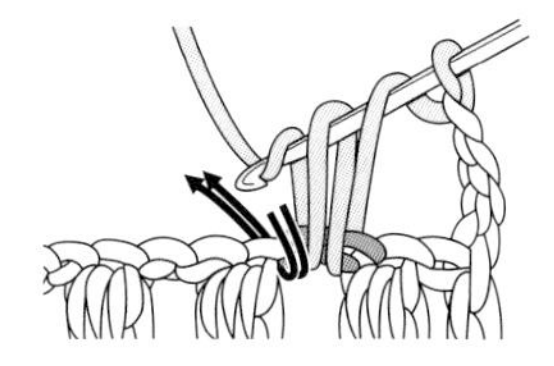

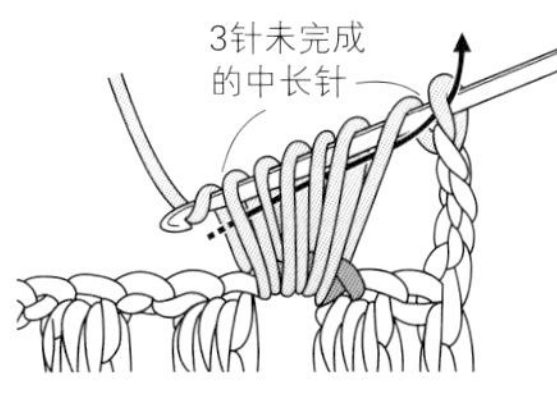

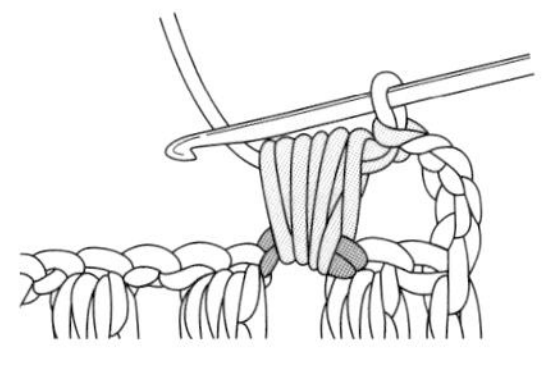

1 钩针挂线，在前一行针目下方的空隙里插入钩针，将线拉出(未完成的中长针)。

2 重复2次"挂线，将线拉出"。

3 3针未完成的中长针完成。在针头挂线，一次引拔穿过钩针上的7个线圈。

4 3针中长针的枣形针完成。钩下个针目后，枣形针即摆正位置。

 5针长针的爆米花针（整段挑针）

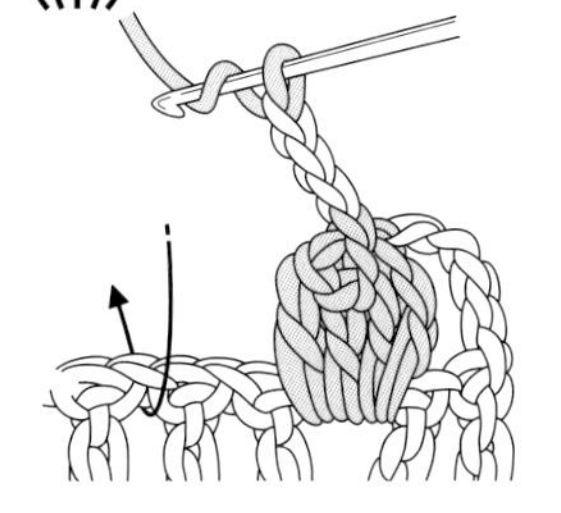

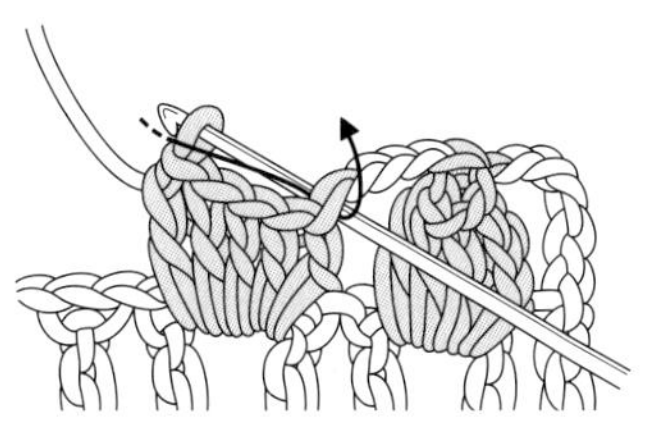

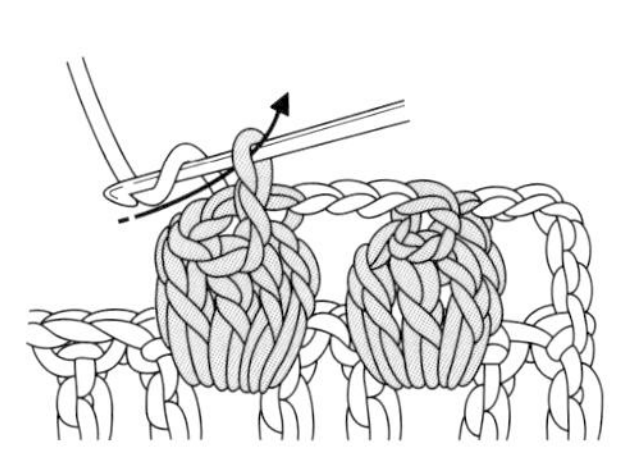

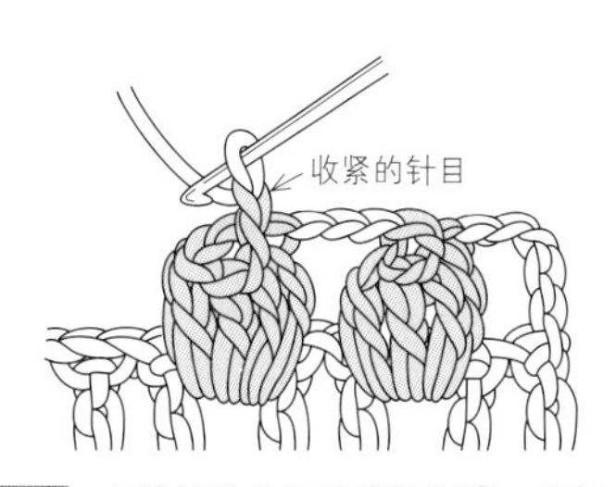

1 钩针挂线，在前一行针目下方的空隙里插入钩针，钩5针长针。

2 暂时取下钩针，将钩针从前面插入第1针长针的头部，将刚才取下钩针的针目拉出。

3 钩锁针，收紧拉出的针目。

4 5针长针的爆米花针完成。步骤3中收紧的针目就是爆米花针的头部。

卷针（绕5次）

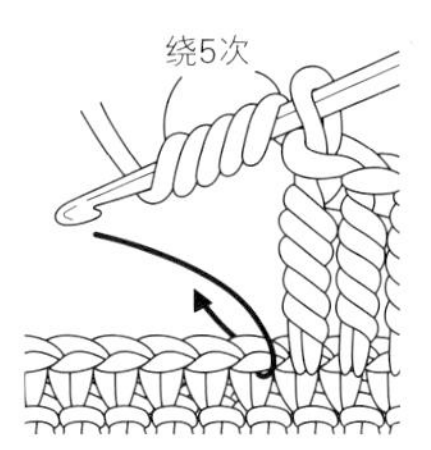

1 在钩针上绕5次线，在前一行的针目里插入钩针，将线拉出。

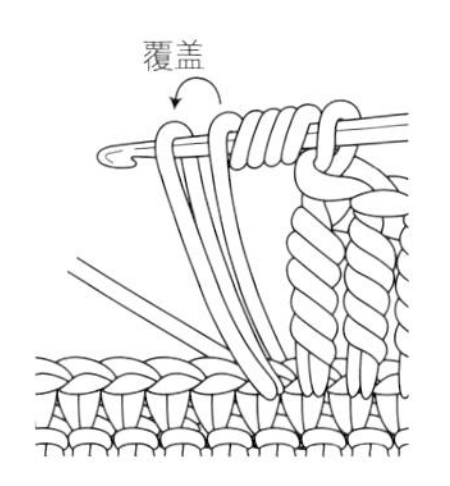

2 将所绕的线圈一针一针地依次覆盖在刚才拉出的线上。

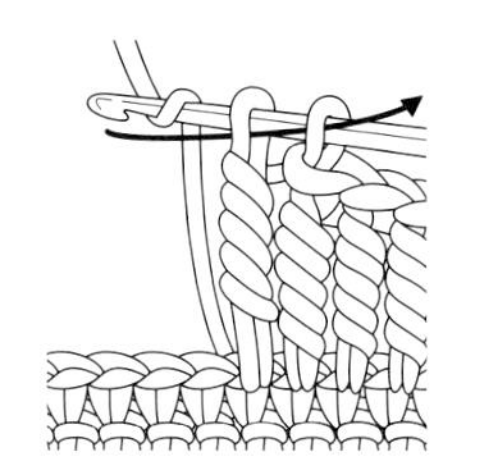

3 引拔穿过5个线圈后的状态。针头挂线，引拔穿过钩针上剩下的2个线圈。

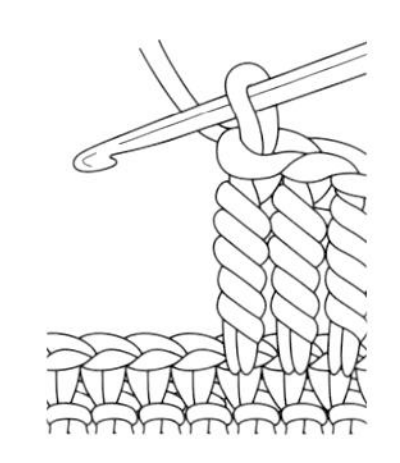

4 绕5次的卷针完成。

斜短针（挑取2根线）

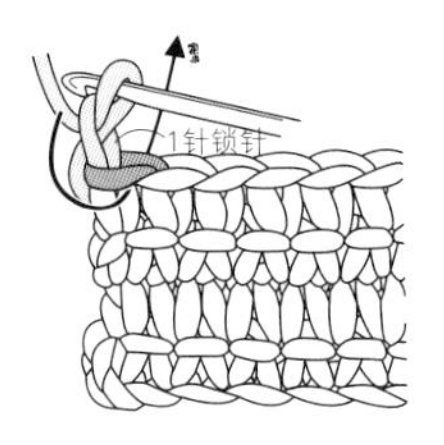

1 钩1针锁针的立针，如箭头所示转动钩针，在前一行的针目里插入钩针。

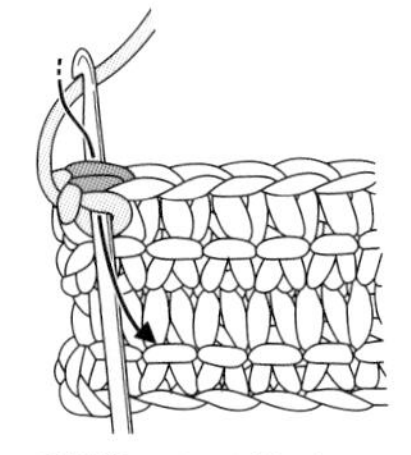

2 钩针挂线，引拔穿过前一行的针目以及钩针上的线圈。

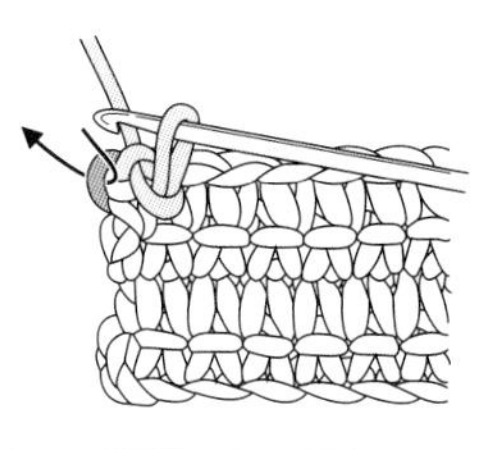

3 将钩针插入锁针的立针的里山。

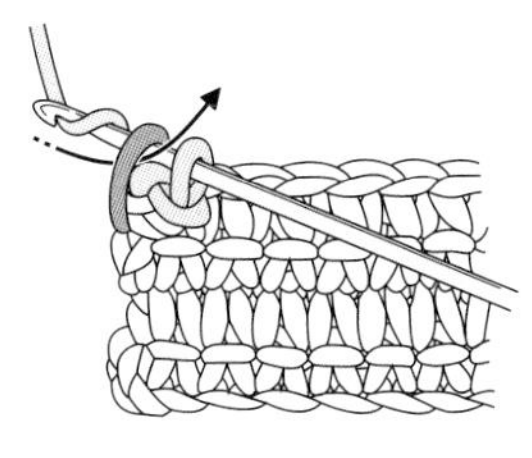

4 钩针挂线，将线拉出。

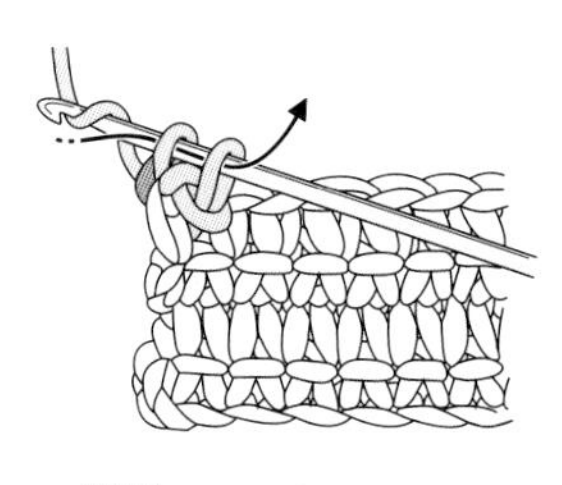

5 针头挂线，引拔穿过钩针上的2个线圈（短针）。

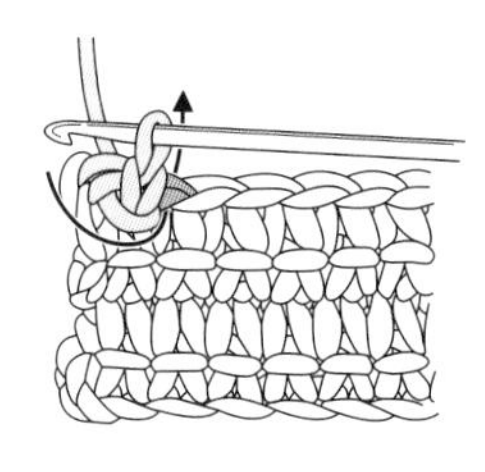

6 1针斜短针完成。转动钩针，在旁边的针目里插入钩针。

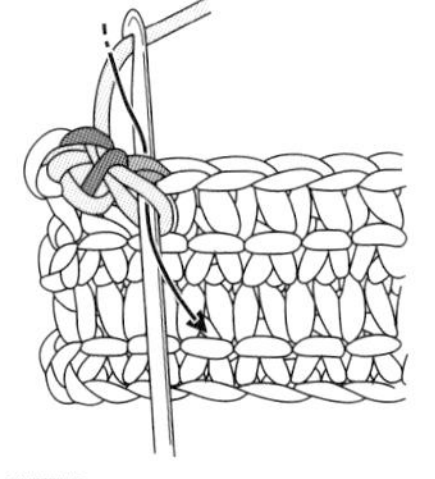

7 钩针挂线，引拔穿过前一行的针目以及钩针上的线圈。

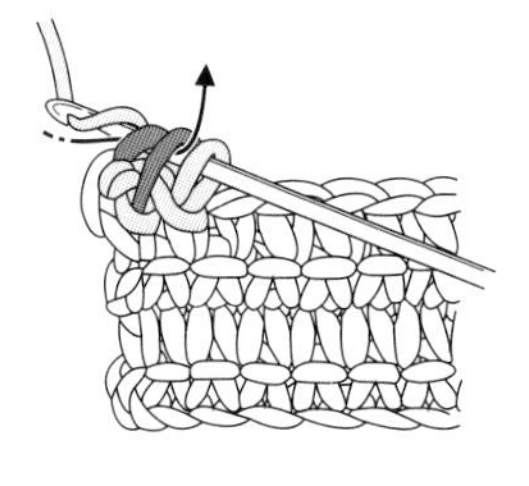

8 在针目上方形成的2根线里插入钩针，挂线后拉出。

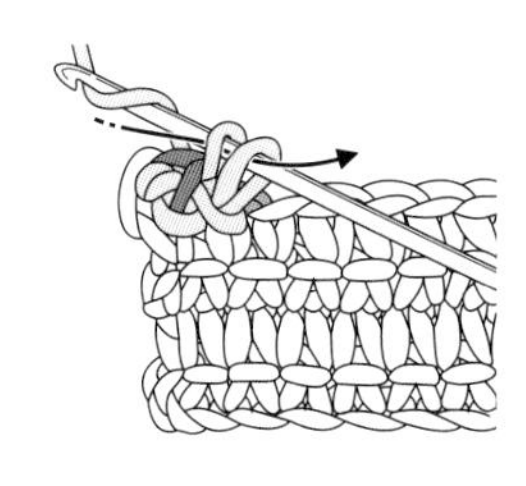

9 针头挂线，引拔穿过钩针上的2个线圈（短针）。

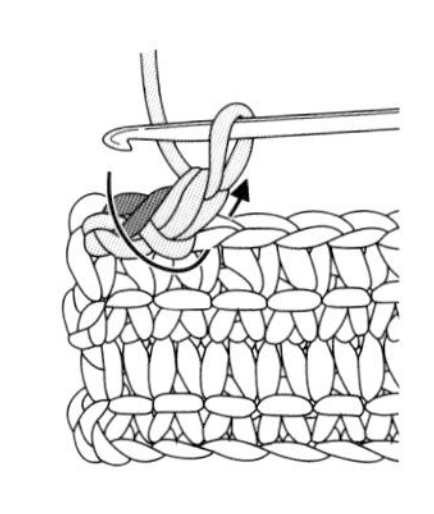

10 2针斜短针完成。重复步骤6~9，从左往右继续钩织。

▶短针的配色花样

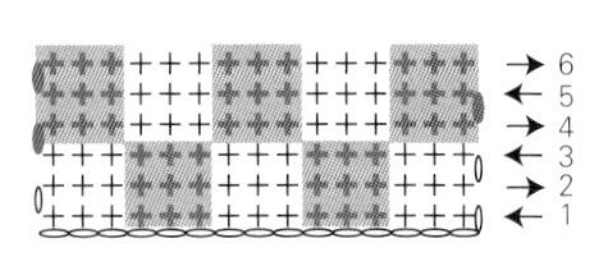

1 准备换色的针目的前一针短针做最后的引拔时，换成配色线。

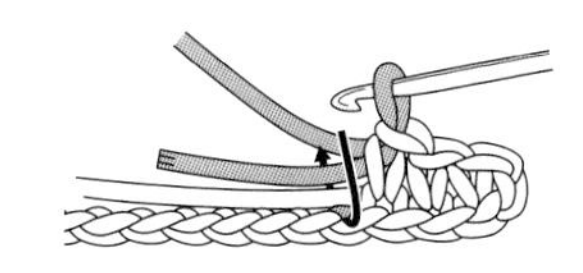

2 挑针时，将主色线和配色线的线头一起包在里面钩织。

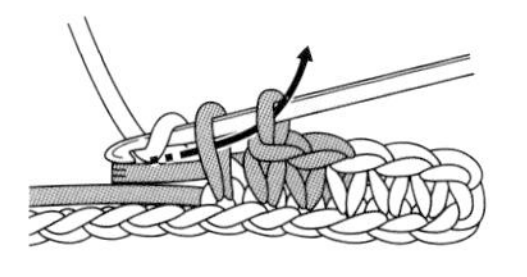

3 配色线做最后的引拔时，换成主色线。

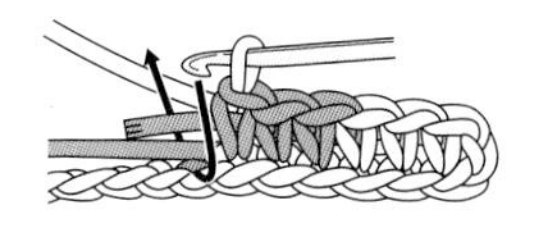

4 一边将配色线包在里面，一边用主色线钩短针。

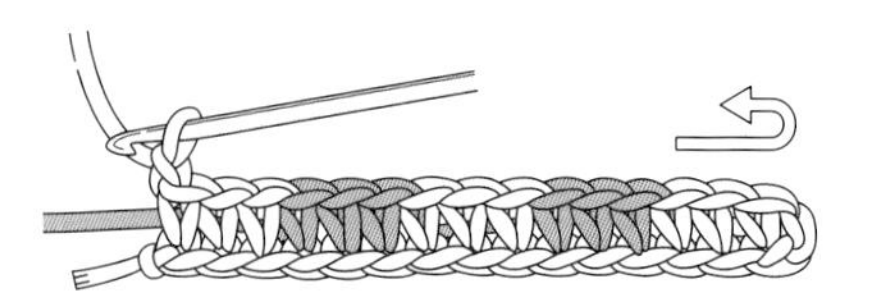

5 按图示要领钩至末端后，钩1针锁针，然后翻转织片。

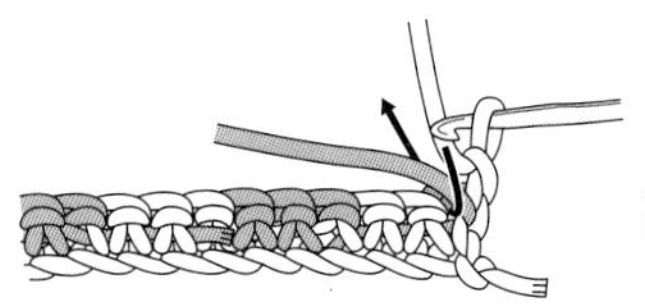

6 将配色线拉至反面，用主色线一边将配色线包在里面，一边钩短针。

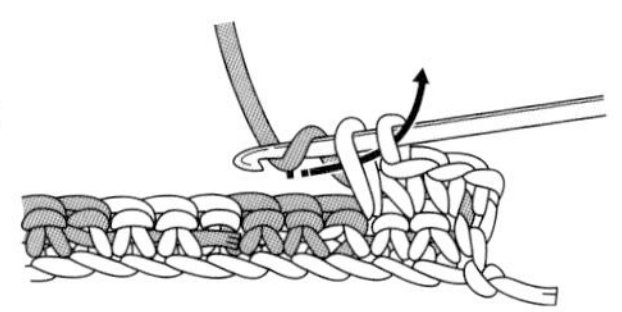

7 主色线做最后的引拔时，换成配色线。

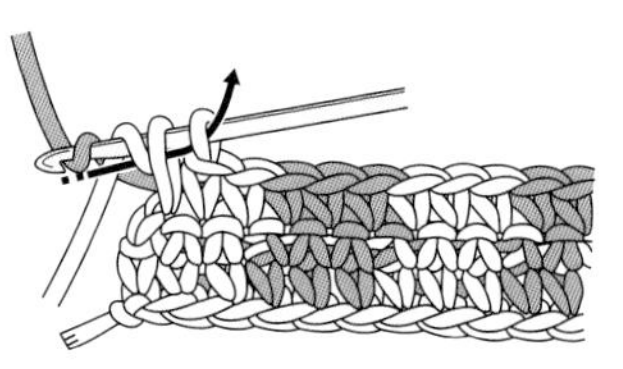

8 这是第3行的编织终点。做最后的引拔时，将主色线挂在钩针上备用，换成配色线。

棒针

▶手指挂线起针

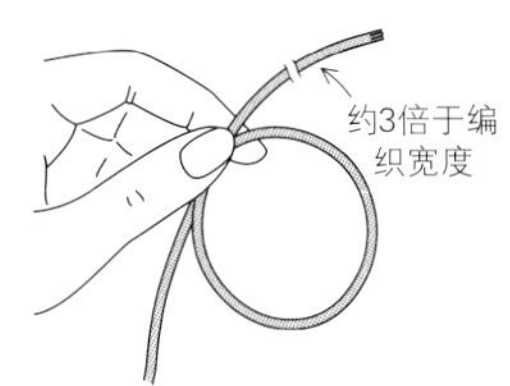

1 留出约3倍于编织宽度的线头，制作一个线环，捏住交叉点。

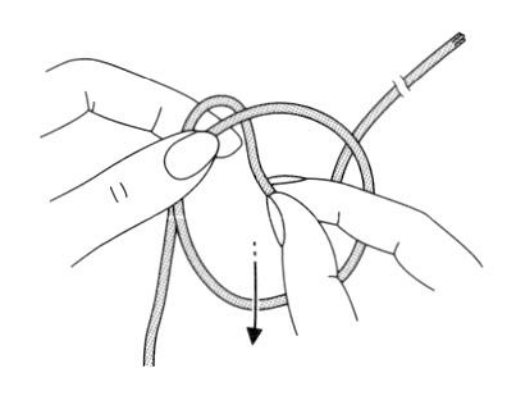

2 从线环中拉出线头。

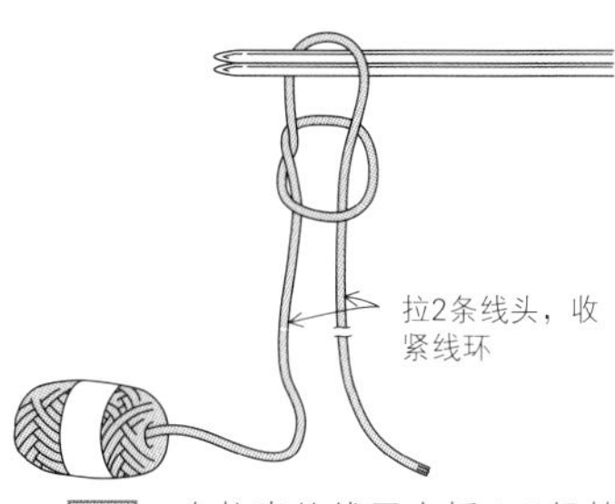

3 在拉出的线圈中插入2根棒针，收紧线环。

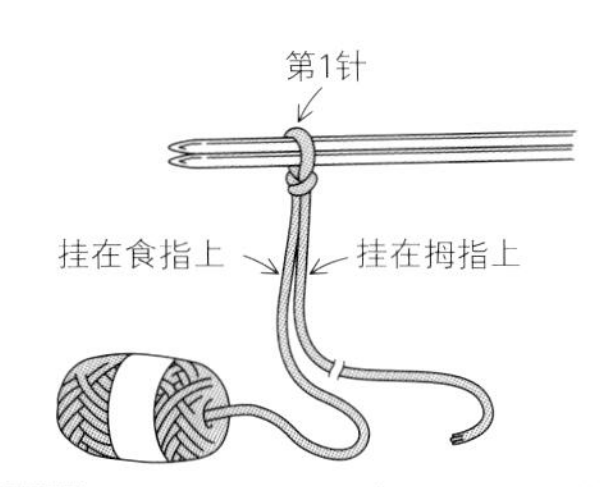

4 第1针起针完成。将线头端挂在拇指上，将线团端挂在食指上。

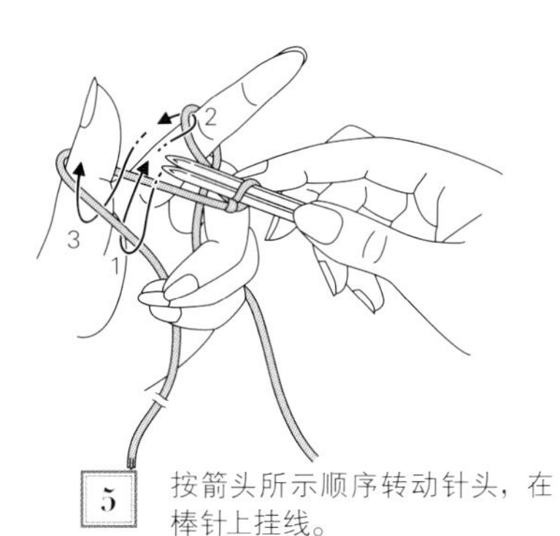

5 按箭头所示顺序转动针头，在棒针上挂线。

6 针头上就有了第2针。松开挂在拇指上的线。

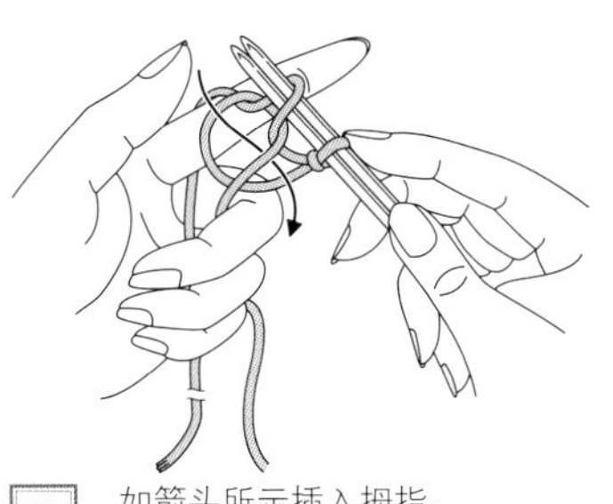

7 如箭头所示插入拇指。

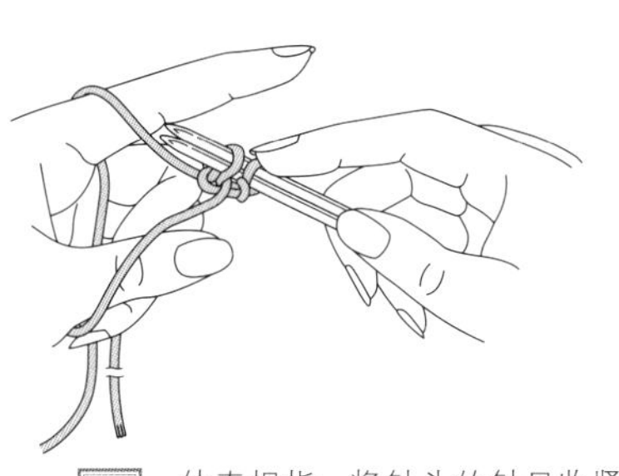

8 伸直拇指，将针头的针目收紧。第2针起针完成。重复步骤5~8。

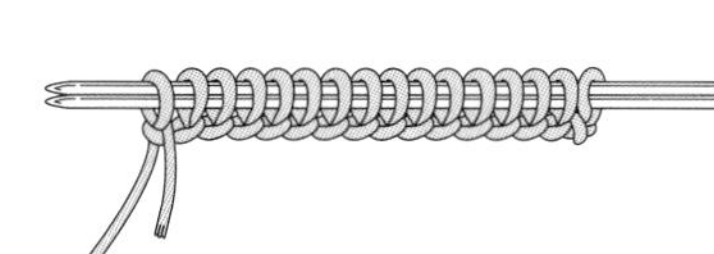

9 完成所需针数后，抽掉1根棒针。棒针上的针目就是第1行。

▶连接成环形编织

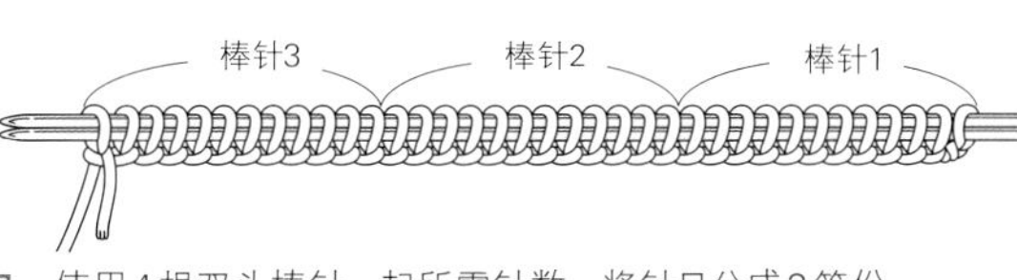

1 使用4根双头棒针。起所需针数，将针目分成3等份。

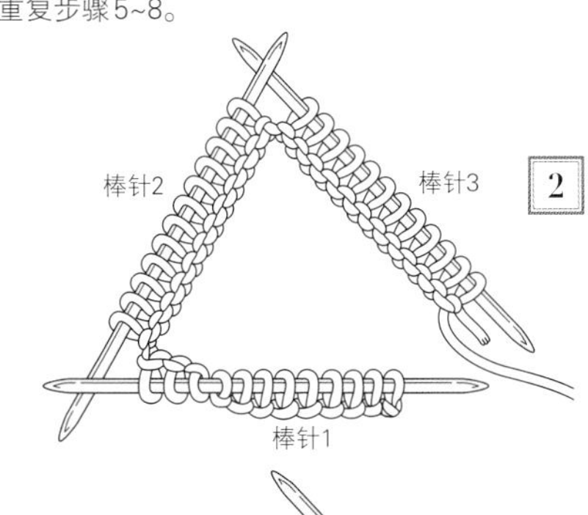

2 将针目移至3根棒针上，摆成三角形，注意不要让针目拧转。

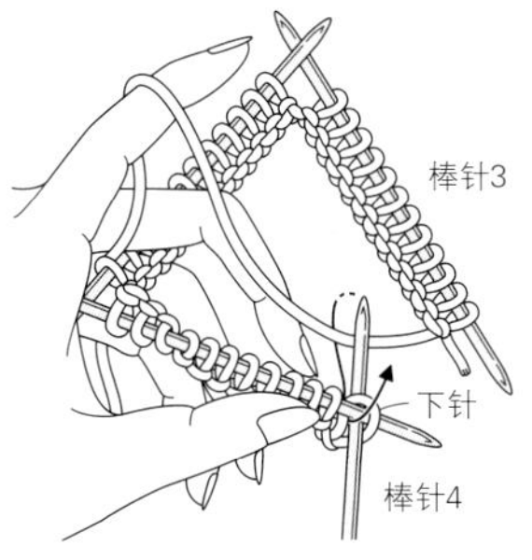

3 将编织用线挂在手指上，将第4根棒针插入棒针1的针目里开始编织。

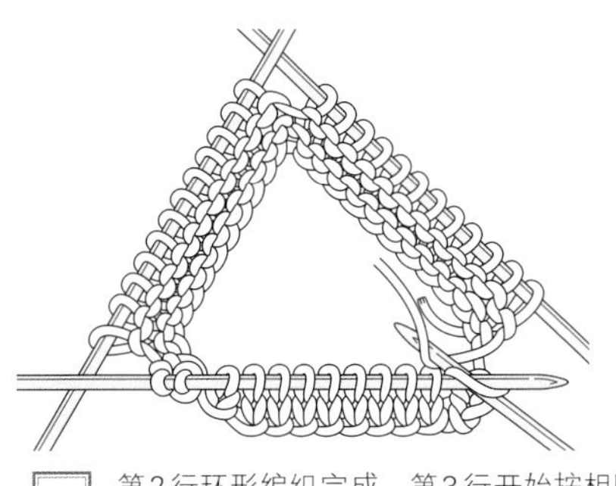

4 第2行环形编织完成。第3行开始按相同要领进行编织。为避免棒针交界处的针目空隙加大，可调整各棒针上的针数进行编织。

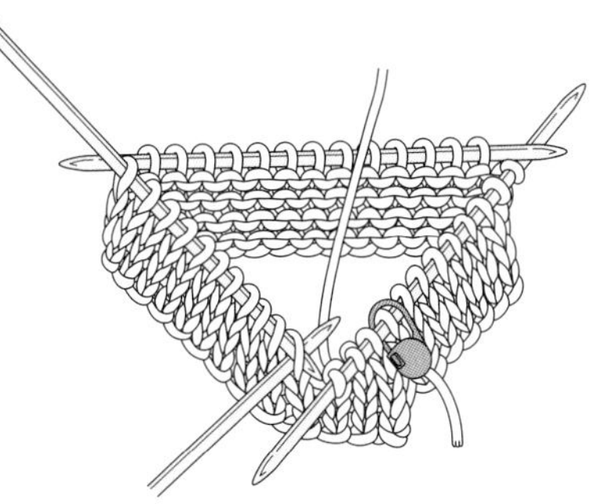

5 放入记号圈，用以标记编织起点和编织终点的交界处。

▶另线锁针起针

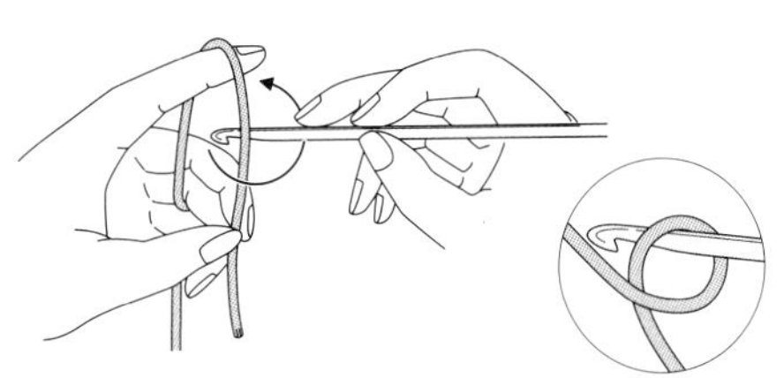

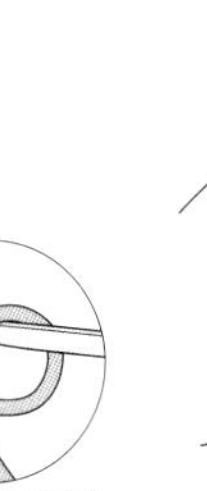

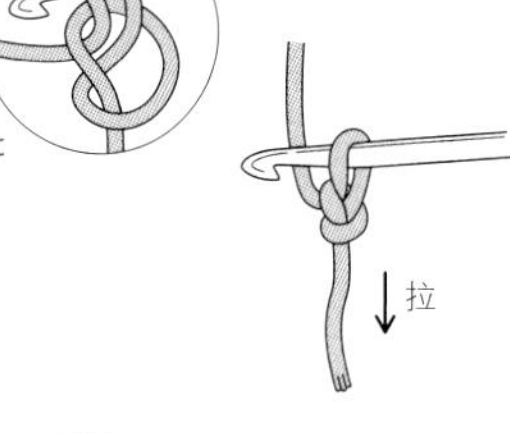

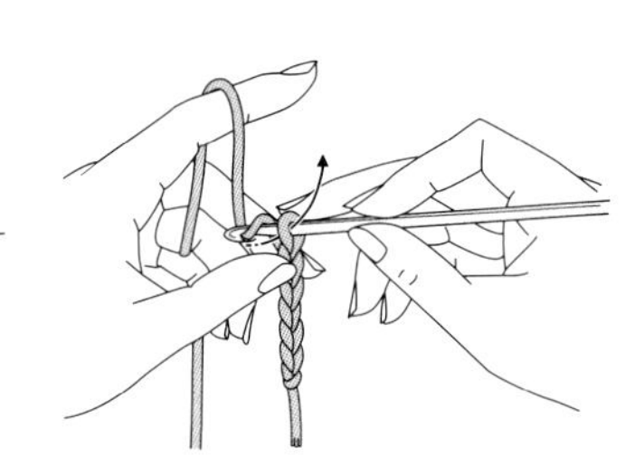

1 将钩针放在线的后面，如箭头所示转动钩针，将线绕在针头上。

2 用拇指和中指捏住线的交叉点制作线环，在针头挂线，将线拉出。

3 拉线头收紧线环，锁针最初的针目完成。此针不计入针数内。

4 如箭头所示，在针头挂线后将线拉出，钩织所需针数的锁针。

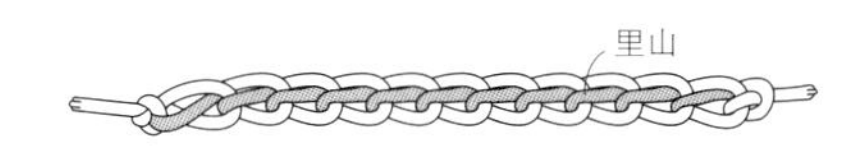

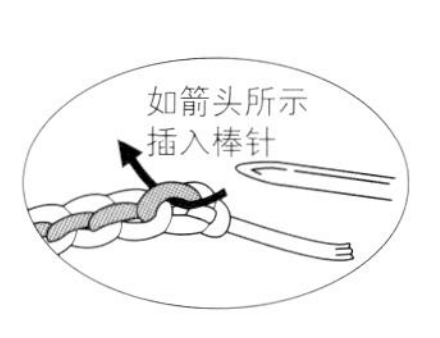

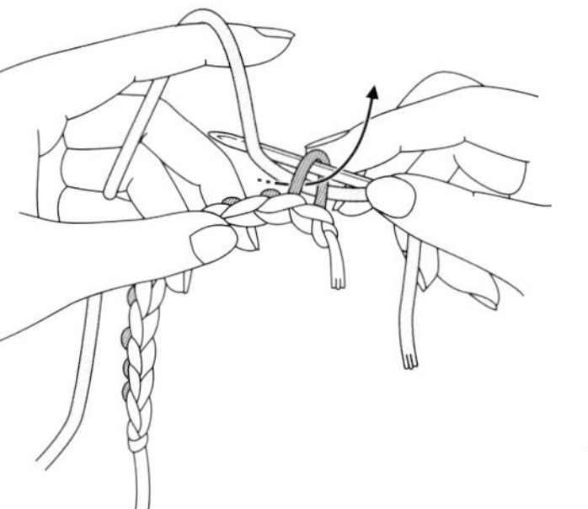

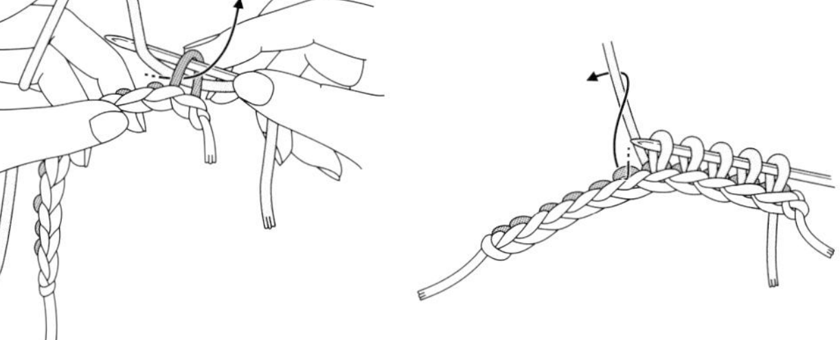

5 锁针有正面和反面之分。确认锁针的里山。

6 在锁针编织终点端的里山插入针头，将编织用线拉出。

7 从锁针的里山逐一挑取针目。棒针上挑取的针目就是第1行。

▶伏针（右侧：下针）

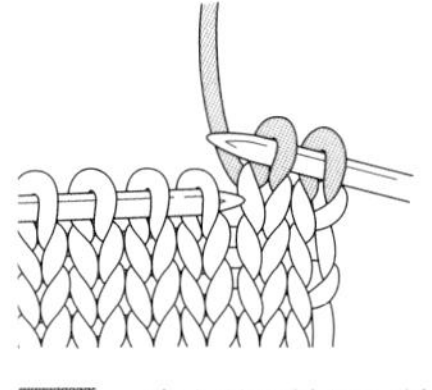

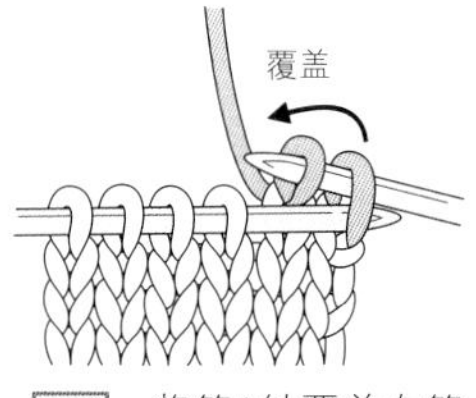

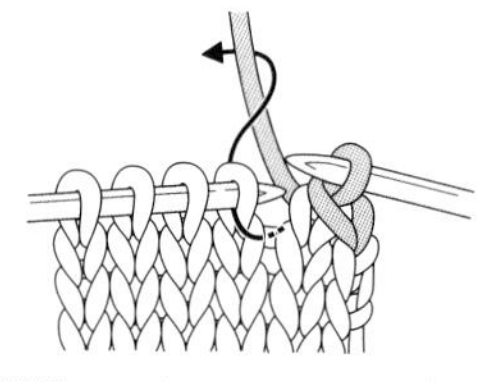

1 边上的2针织下针。

2 将第1针覆盖在第2针上。

3 下个针目织下针，将前一针覆盖在此针上。重复此步骤。

▶伏针（左侧：上针）

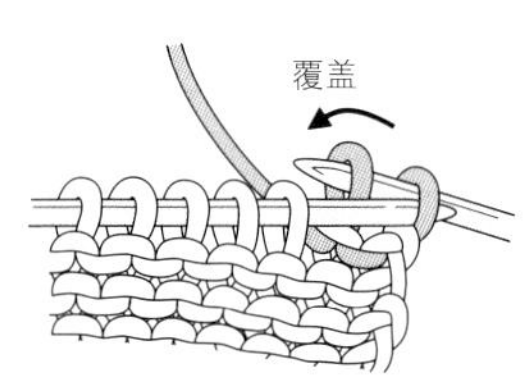

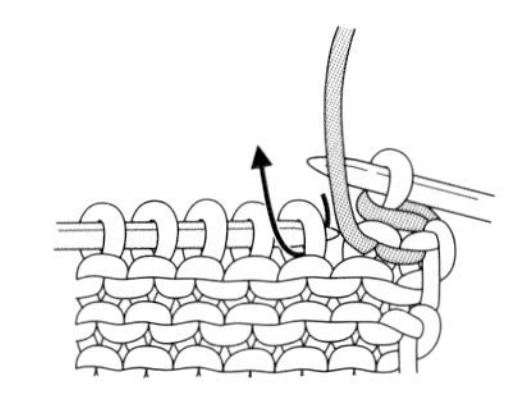

1 边上的2针织上针，将第1针覆盖在第2针上。

2 下个针目织上针，将前一针覆盖在此针上。重复此步骤。

▶起伏针缝合

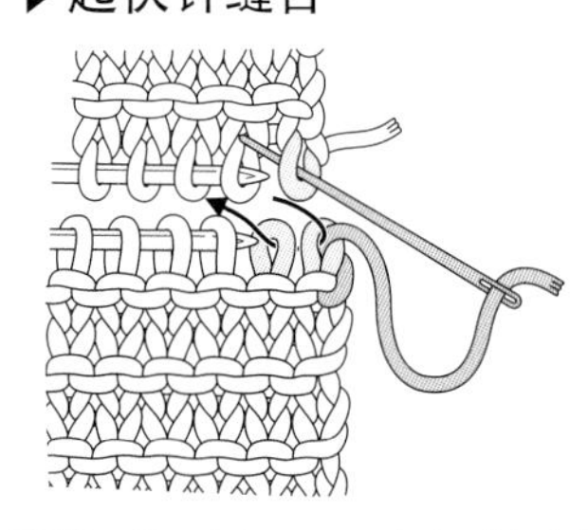

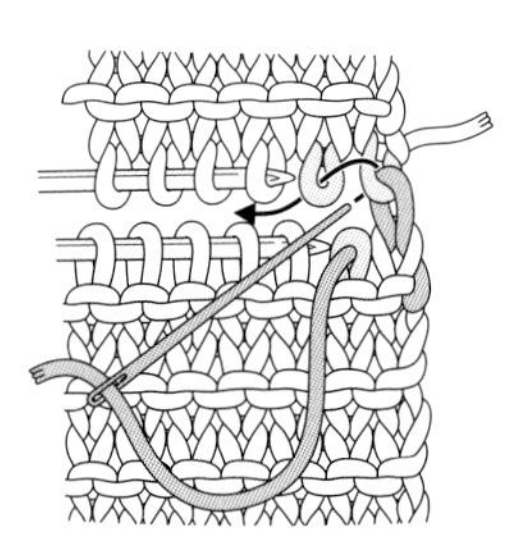

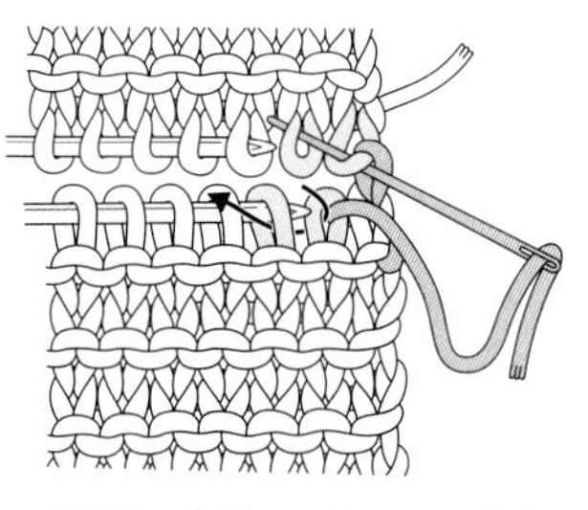

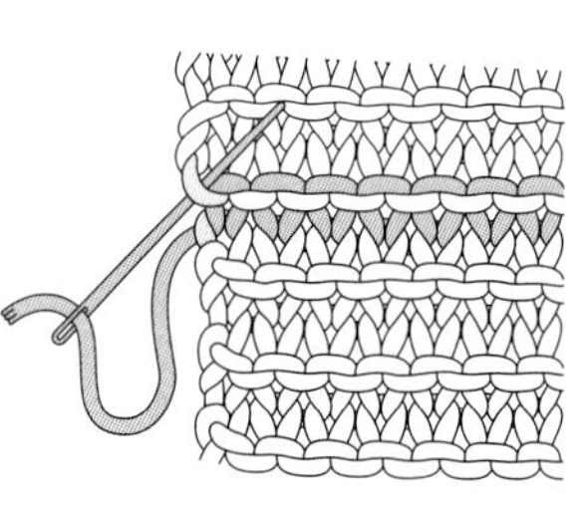

1 将2个织片正面朝上对齐拿好，从前面织片的边端针目的反面插入缝针，从后面织片的边端针目的反面出针。然后如箭头所示，将缝针插入前面织片的2个针目里。

2 拉线，如箭头所示将缝针插入后面织片的2个针目里。

3 接着，如箭头所示将缝针插入前面织片的2个针目里。按此要领交错在2个织片里插入缝针，每个针目各插入2次缝针。

4 最后从反面将缝针插入后面织片的针目里，织片最后有半针的错位。

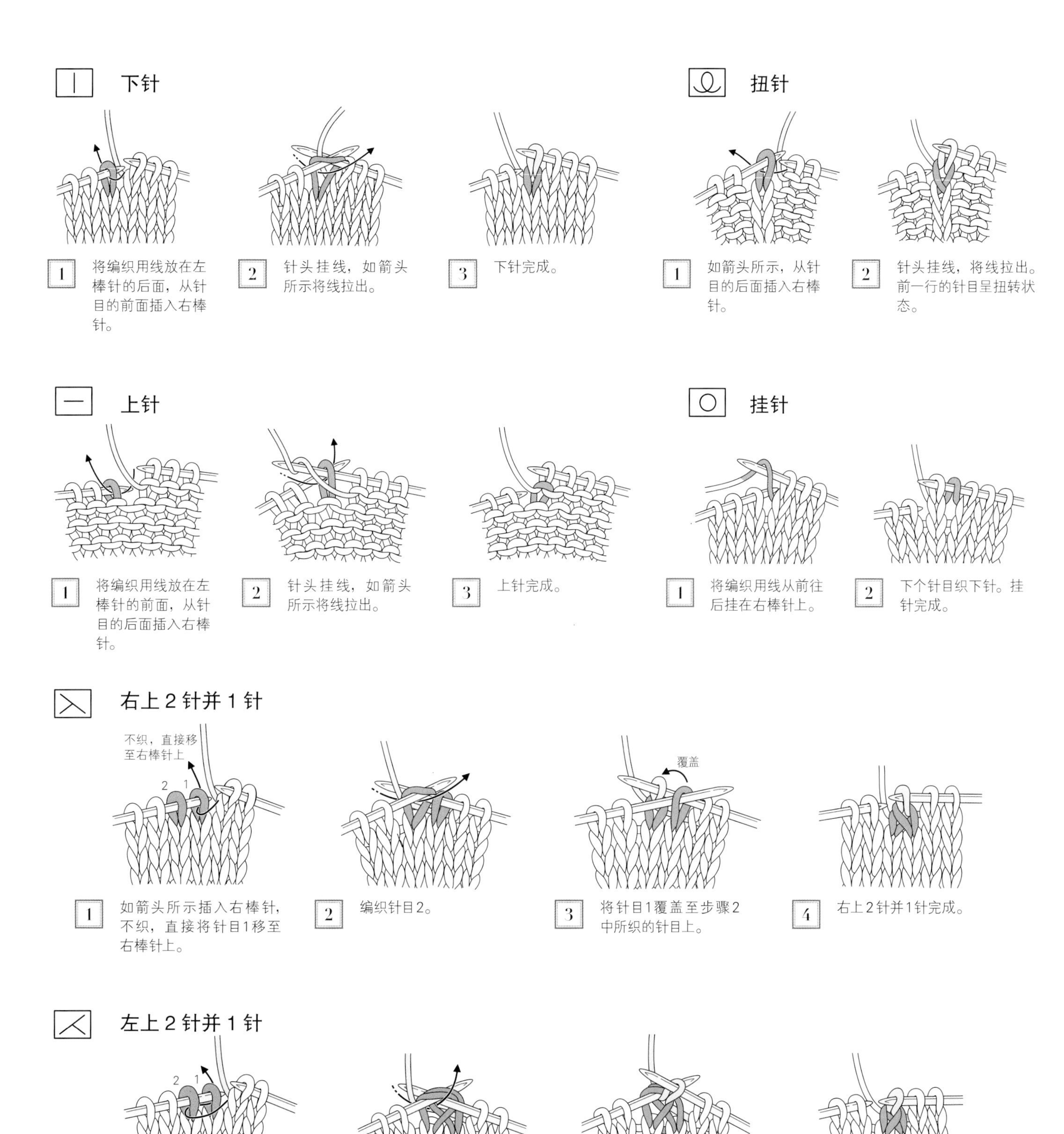

下针

1 将编织用线放在左棒针的后面，从针目的前面插入右棒针。

2 针头挂线，如箭头所示将线拉出。

3 下针完成。

扭针

1 如箭头所示，从针目的后面插入右棒针。

2 针头挂线，将线拉出。前一行的针目呈扭转状态。

上针

1 将编织用线放在左棒针的前面，从针目的后面插入右棒针。

2 针头挂线，如箭头所示将线拉出。

3 上针完成。

挂针

1 将编织用线从前往后挂在右棒针上。

2 下个针目织下针。挂针完成。

右上 2 针并 1 针

1 如箭头所示插入右棒针，不织，直接将针目1移至右棒针上。

2 编织针目2。

3 将针目1覆盖至步骤2中所织的针目上。

4 右上2针并1针完成。

左上 2 针并 1 针

1 如箭头所示，按针目2、1的顺序插入右棒针。

2 针上挂线，将线拉出。

3 退出左棒针。

4 左上2针并1针完成。

上针的右上2针并1针

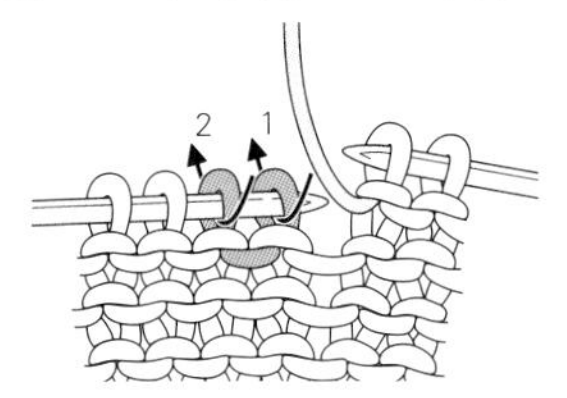

1 如箭头所示插入右棒针，将针目移至右棒针上。

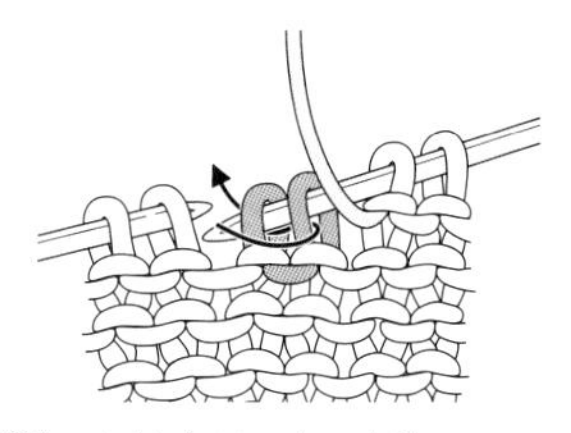

2 如箭头所示在2个针目里一起插入左棒针，将针目移回至左棒针上。

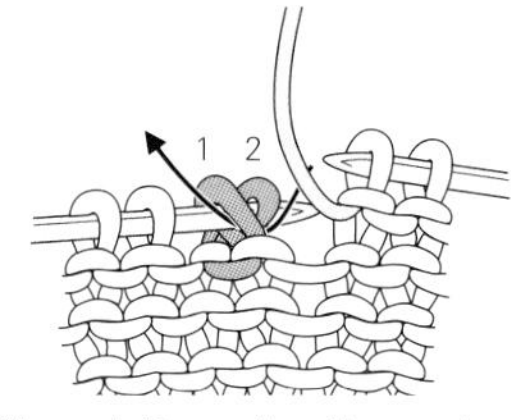

3 2个针目互换了位置。在2个针目里一起插入右棒针织上针。

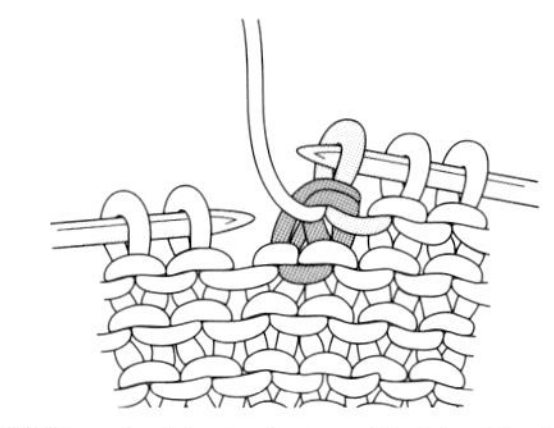

4 上针的右上2针并1针完成。

上针的左上2针并1针

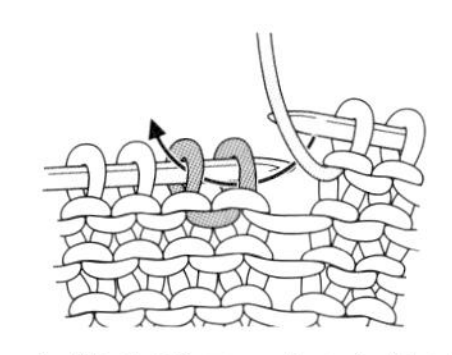

1 如箭头所示，在2个针目里一起插入右棒针织上针。

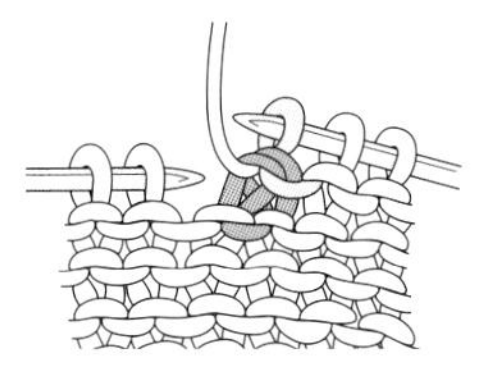

2 上针的左上2针并1针完成。

左上3针并1针

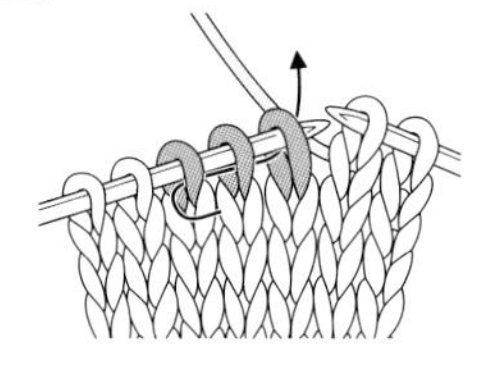

1 如箭头所示，在3个针目里一起插入右棒针织下针。

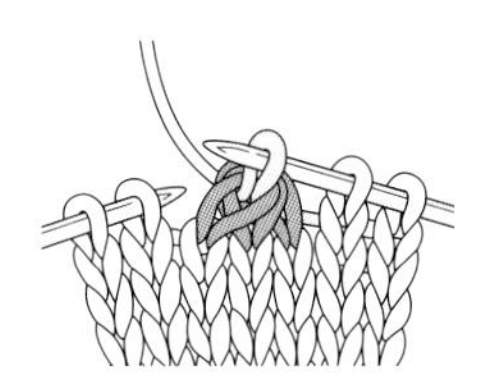

2 左上3针并1针完成。

右上3针并1针

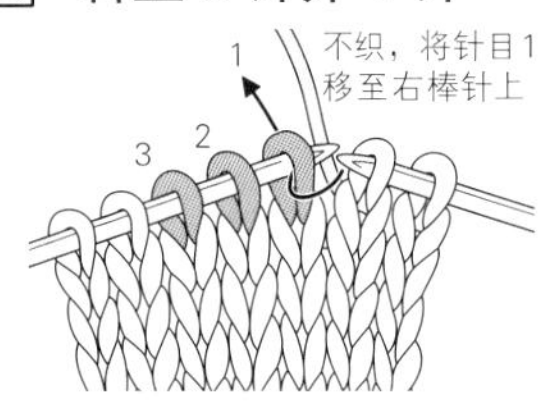

1 在针目1里插入右棒针，不织，将该针目移至右棒针上。

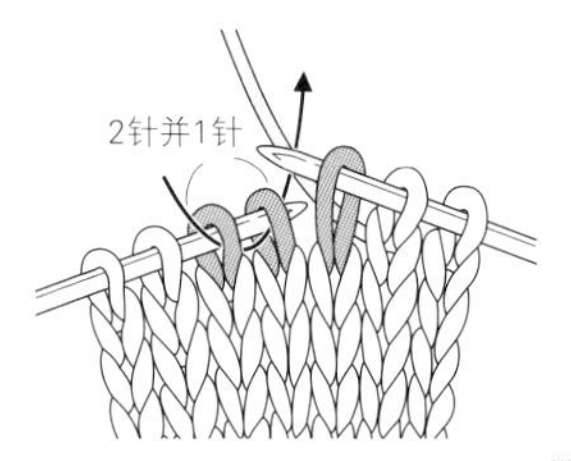

2 如箭头所示，在针目2、3里插入右棒针织下针。

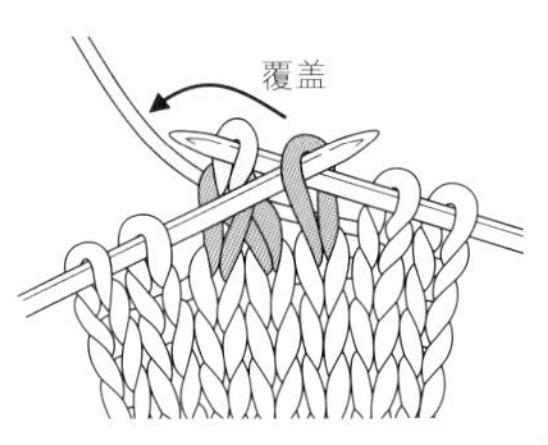

3 将针目1覆盖至刚才所织的针目上。

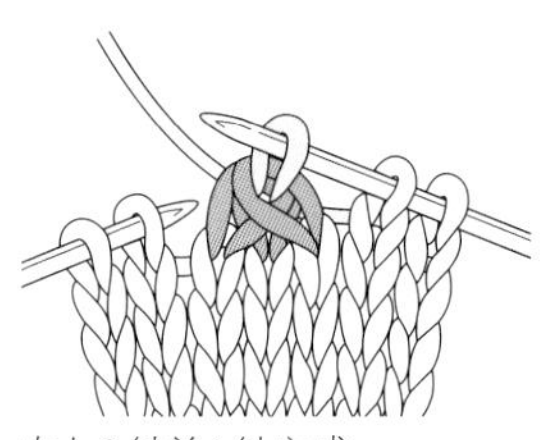

4 右上3针并1针完成。

中上3针并1针

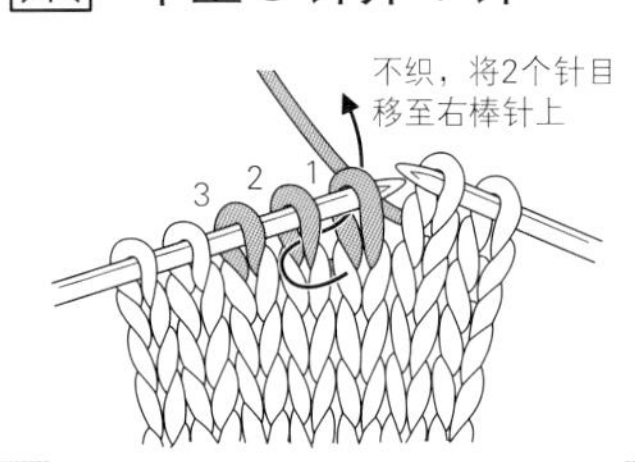

1 如箭头所示，在针目1、2里插入右棒针。

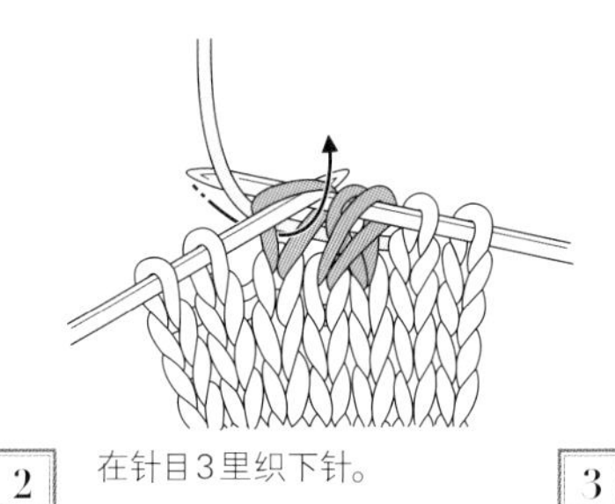

2 在针目3里织下针。

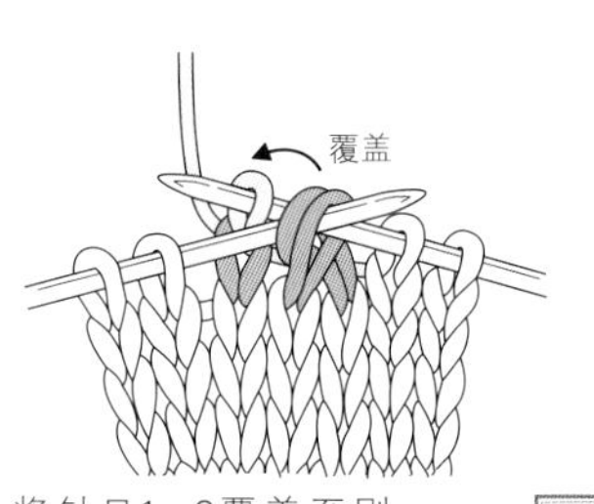

3 将针目1、2覆盖至刚才所织的针目上。

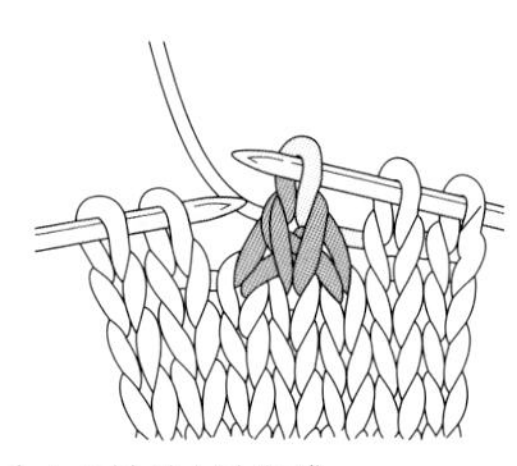

4 中上3针并1针完成。

滑针（下针）

⇐●
⇒×

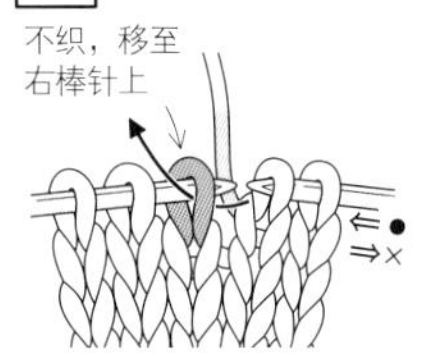

1 正常编织×行。将线放在后面，如箭头所示插入右棒针。

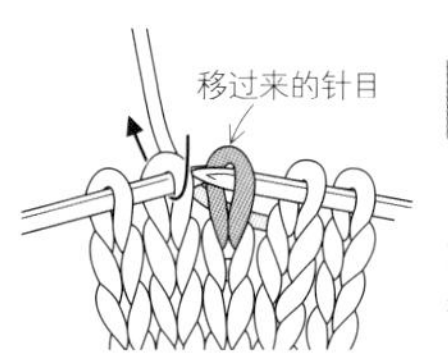

2 不织，将针目移至右棒针上，织下个针目。

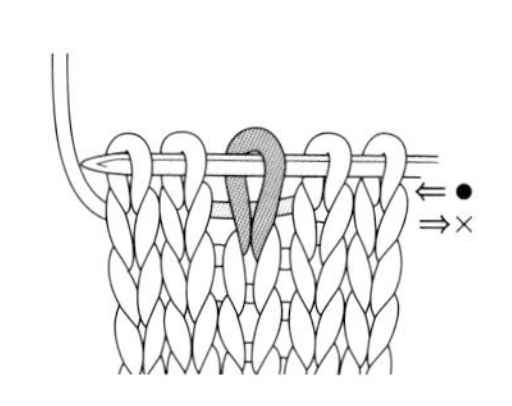

3 滑针完成。

左上1针和2针的交叉

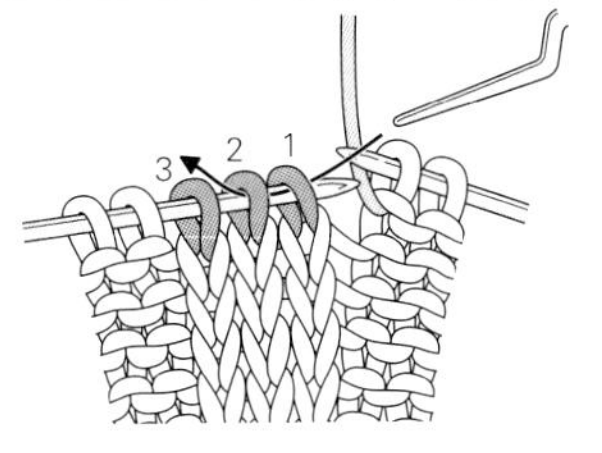

1 将针目1、2移至麻花针上，放在织物的后面，休针备用。

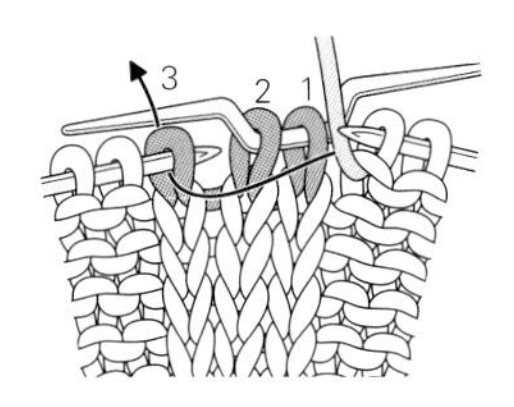

2 在针目3里插入右棒针，织下针。

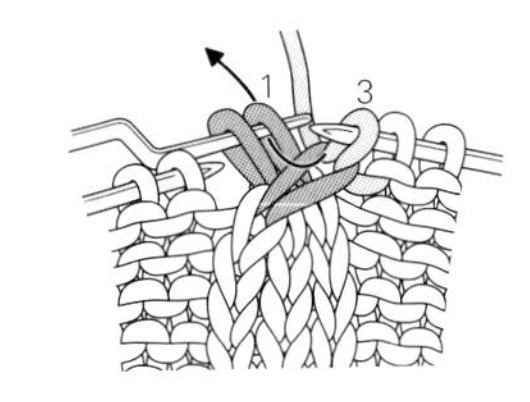

3 编织麻花针上的2个针目。

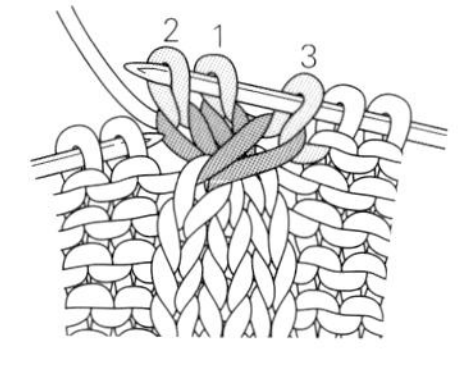

4 左上1针和2针的交叉完成。

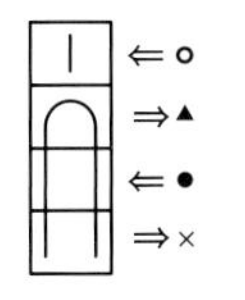

拉针（2行）

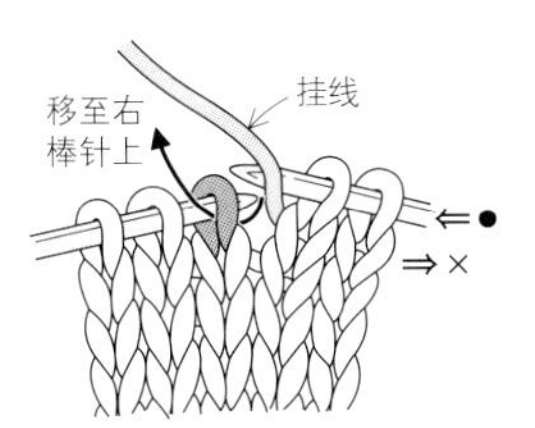

1 正常编织×行。●行：将编织用线从前往后绕在右棒针上，将准备织拉针的针目移至右棒针上。

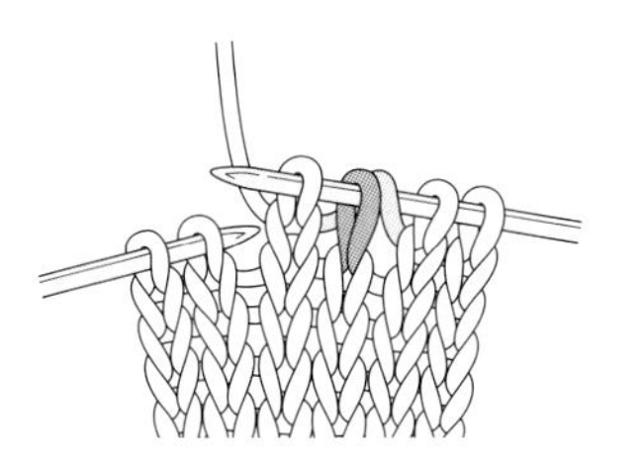

2 此时有1根编织用线挂在拉针针目上。

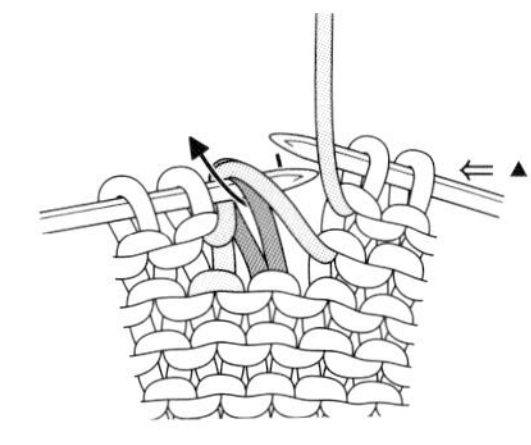

3 ▲行（反面）：将拉针针目与前一行所挂的线一起移至右棒针上，从前往后将编织用线绕在右棒针上。

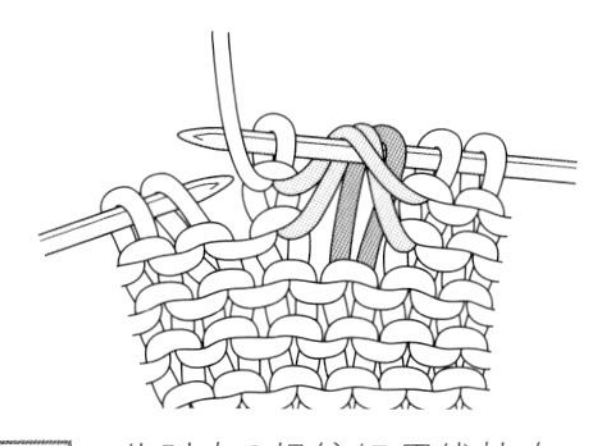

4 此时有2根编织用线挂在拉针针目上。

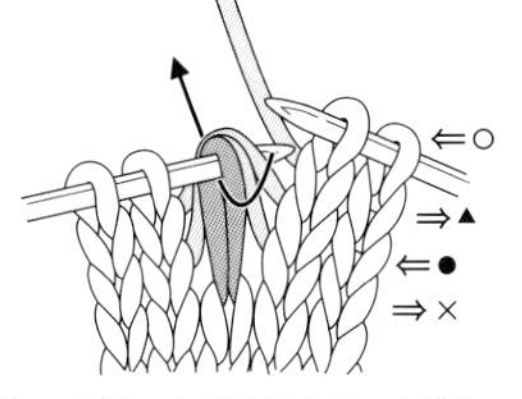

5 ○行：在拉针针目，以及●、▲行拉上来的线里一起插入右棒针。

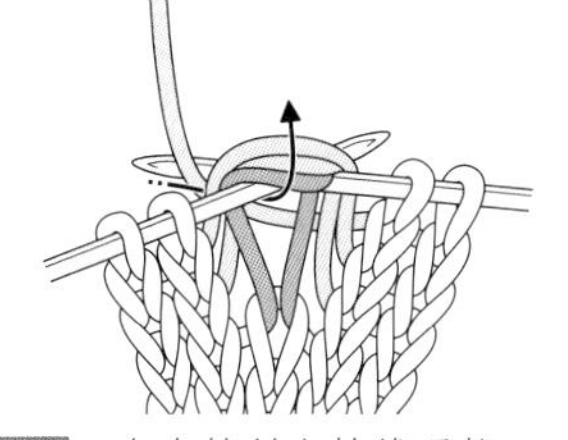

6 在右棒针上挂线后拉出。

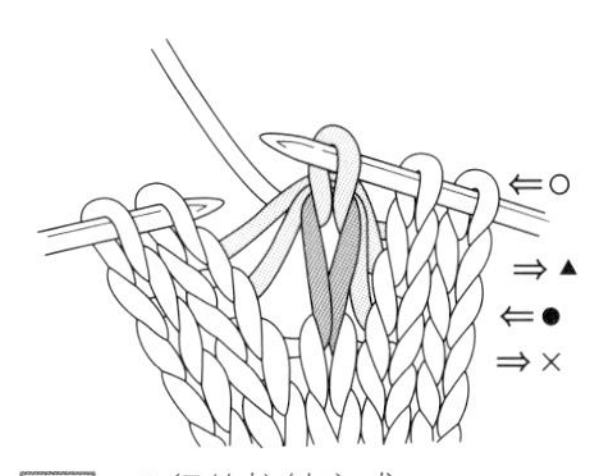

7 2行的拉针完成。

▶孔斯特起针（用钩针起针）

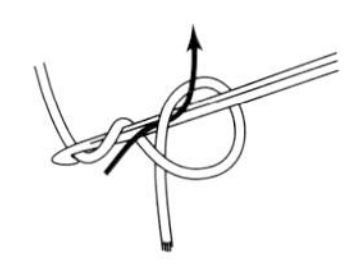

1 用线头制作线环，在线环中插入钩针，将线拉出。

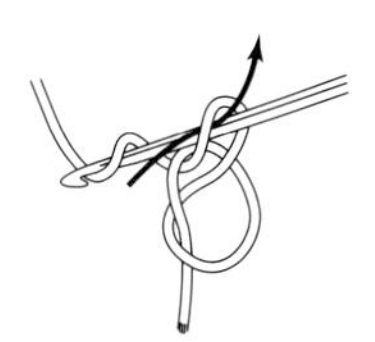

2 再次挂线，将线拉出。

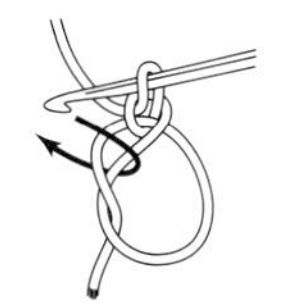

3 起针的第1针完成。在线环中插入钩针，将线拉出。

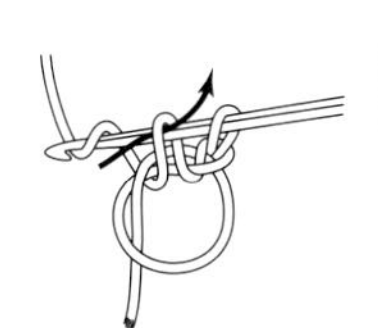

4 再次挂线，将线拉出。第2针完成。

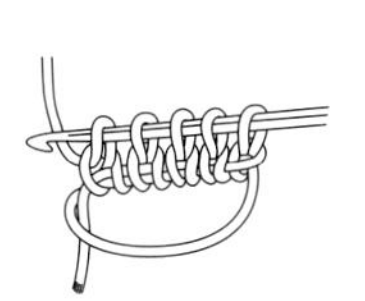

5 重复步骤3、4，起所需针数。

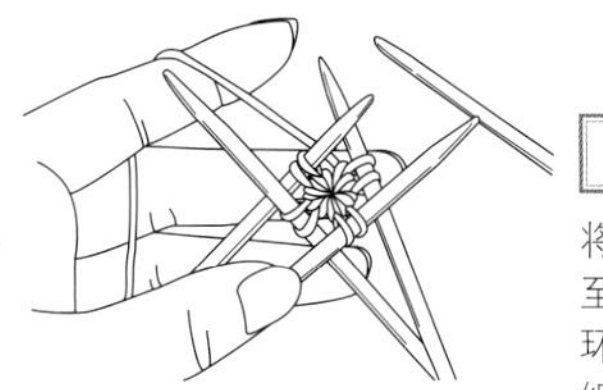

6 将起好的针目均等地分至4根棒针上。收紧线环，用第5根棒针继续编织。

上接 p.43

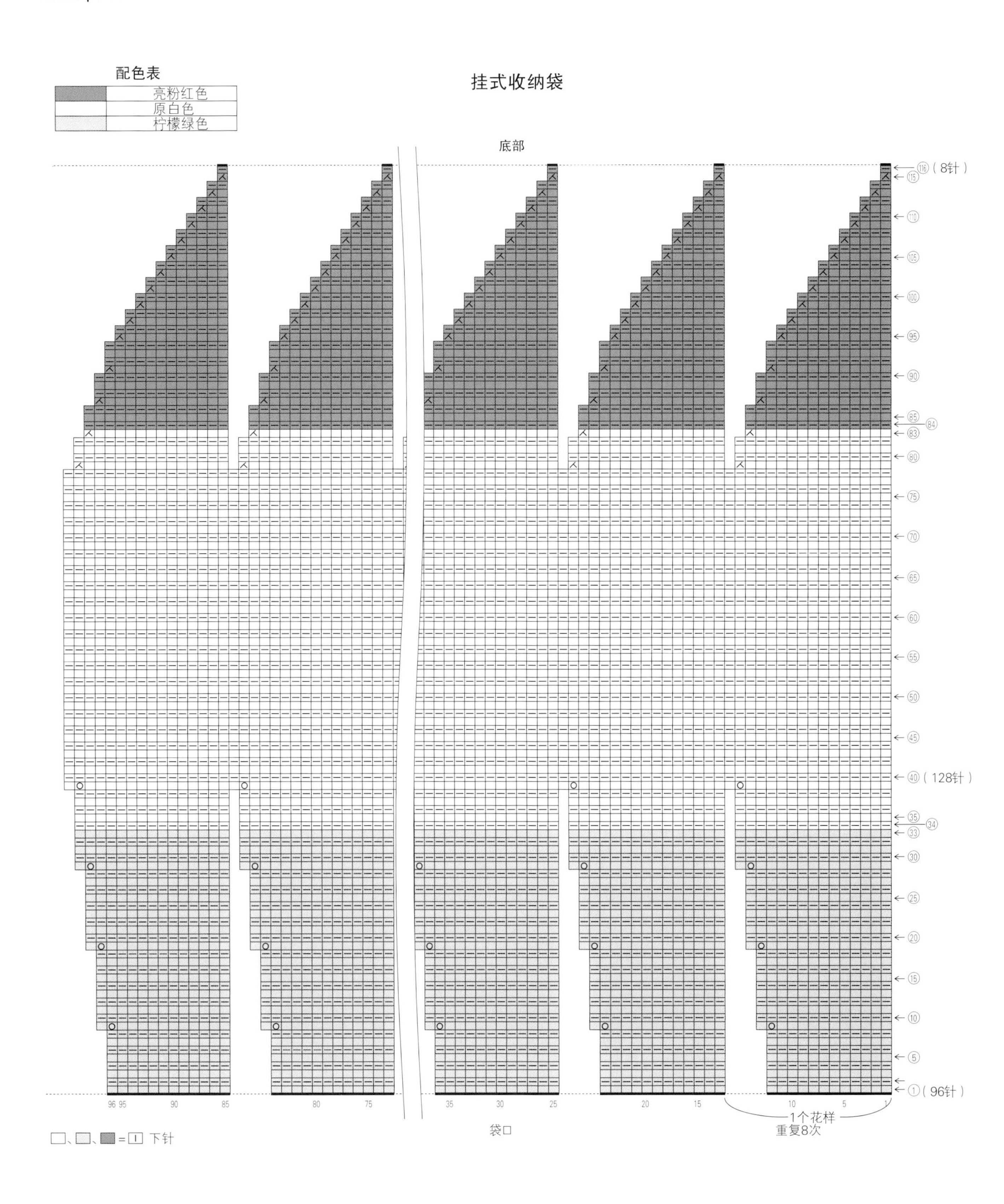
配色表
亮粉红色
原白色
柠檬绿色
挂式收纳袋
底部
116 (8针)
115
110
105
100
95
90
85
84
83
80
75
70
65
60
55
50
45
40 (128针)
35
34
33
30
25
20
15
10
5
1 (96针)
96 95
90
85
80
75
35
30
25
20
15
10
5
1
袋口
1个花样
重复8次
□、□、■=□ 下针

上接 p.50

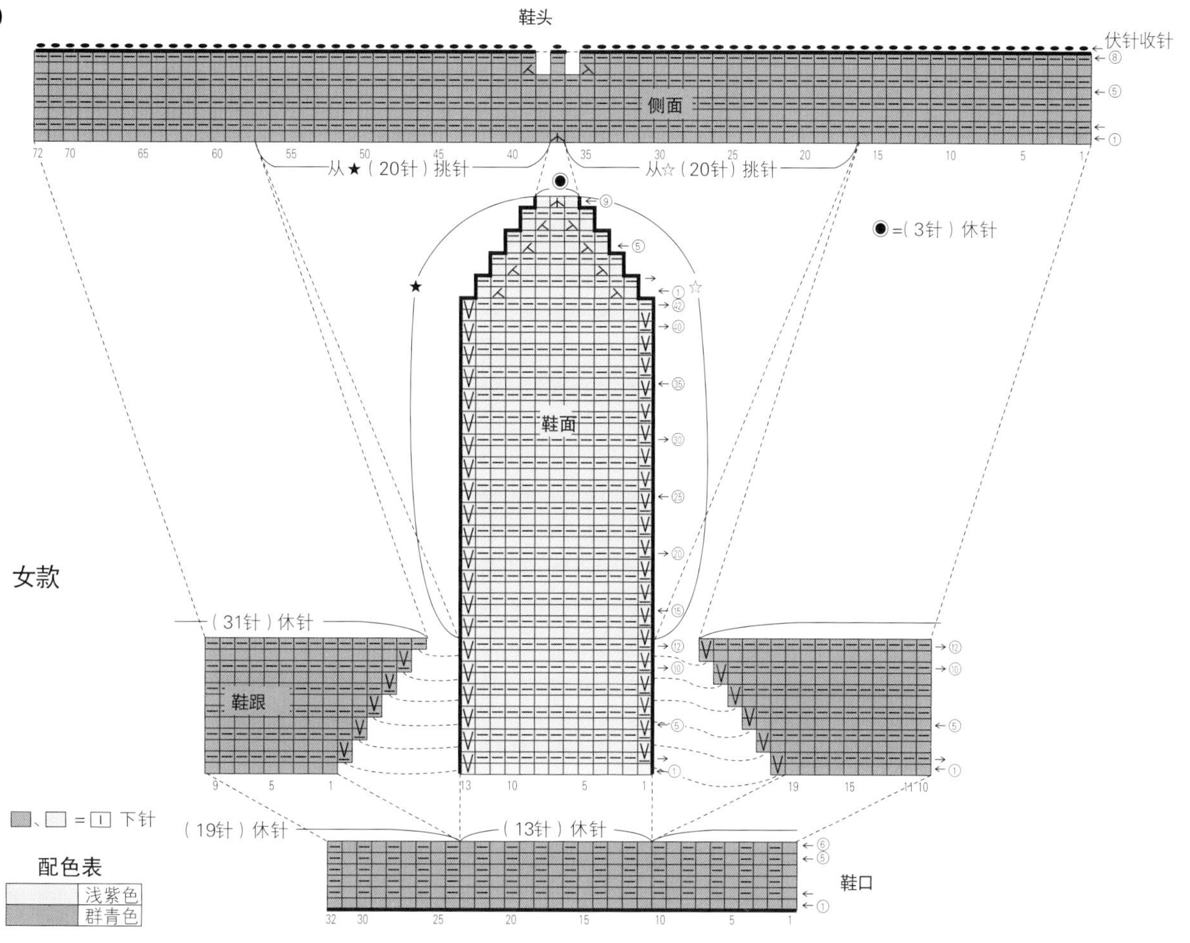
鞋头
伏针收针
侧面
从★（20针）挑针
从☆（20针）挑针
●=（3针）休针
鞋面
女款
（31针）休针
鞋跟
（19针）休针
（13针）休针
鞋口
=下针
配色表
浅紫色
群青色

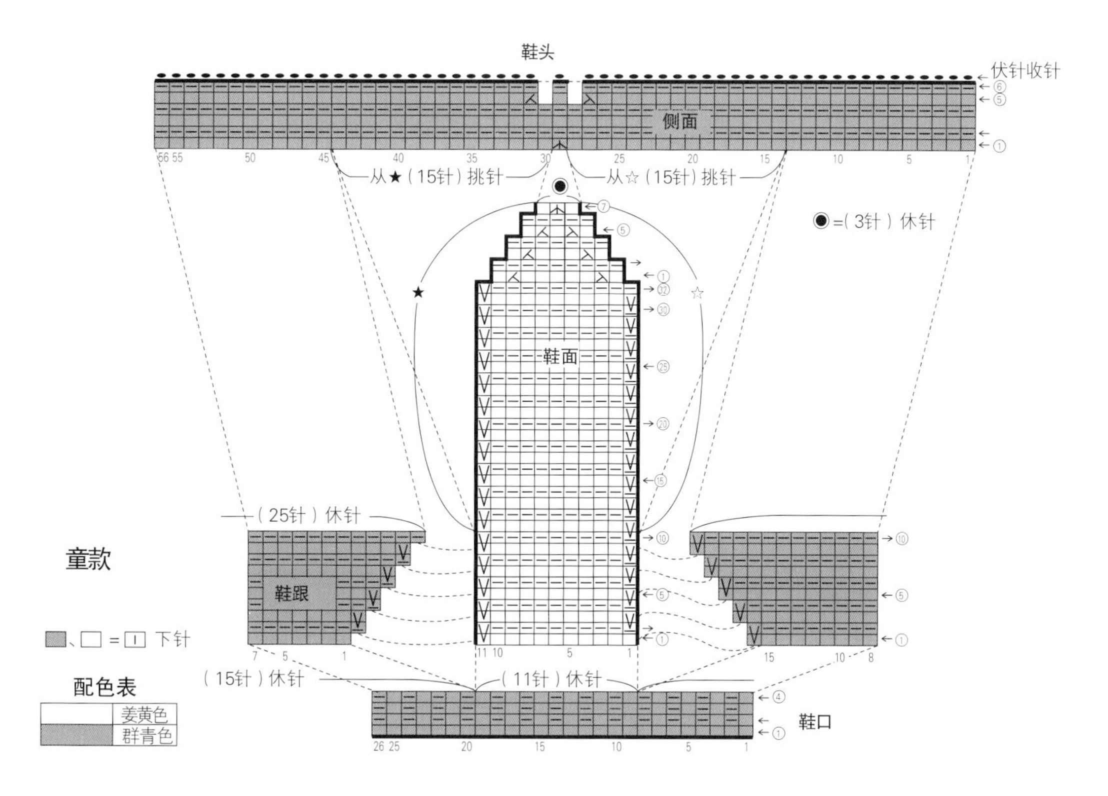
鞋头
伏针收针
侧面
从★（15针）挑针
从☆（15针）挑针
●=（3针）休针
鞋面
童款
（25针）休针
鞋跟
=下针
（15针）休针
（11针）休针
鞋口
配色表
姜黄色
群青色

上接 p.51

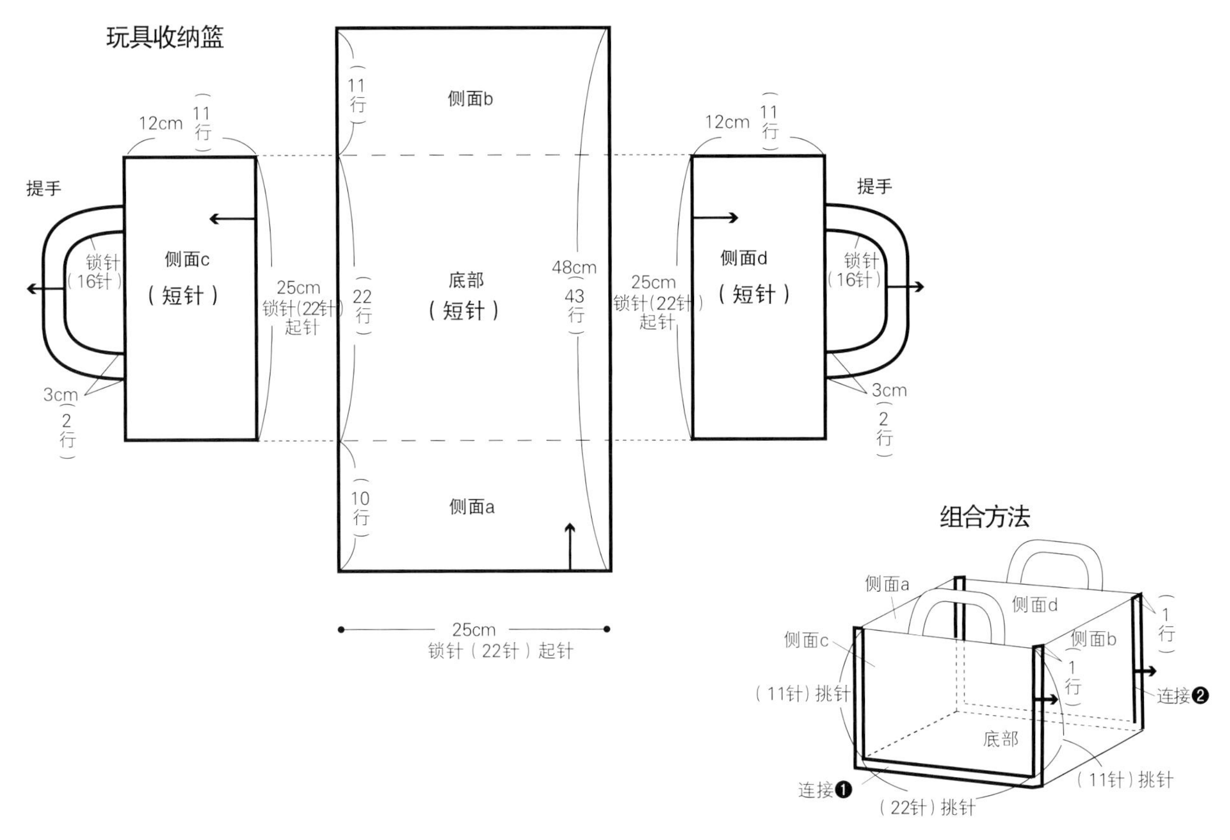
玩具收纳篮
侧面b
11行
12cm 11行
提手
侧面c
（短针）
锁针（16针）
3cm 2行
25cm
锁针(22针)起针
22行
底部
（短针）
48cm
43行
侧面d
（短针）
提手
锁针（16针）
3cm 2行
10行
侧面a
25cm
锁针（22针）起针
组合方法
侧面a
侧面d
侧面c
侧面b
1行
（11针）挑针
连接❷
连接❶
底部
（22针）挑针
（11针）挑针
※将侧面和底部正面朝外对齐，钩短针连接

上接 p.57

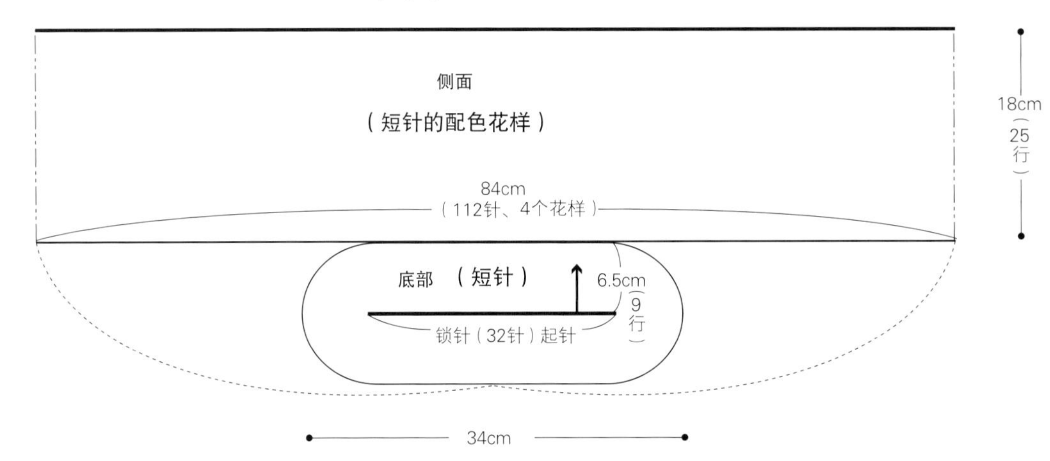
拖鞋收纳篮
侧面
（短针的配色花样）
84cm
（112针、4个花样）
18cm
25行
底部 （短针）
6.5cm
9行
锁针（32针）起针
34cm